现代计量技术与计量管理

谢 鹏 田 天 樊凤菊 著

U0334801

IC 吉林科学技术出版社

图书在版编目（CIP）数据

现代计量技术与计量管理 ／ 谢鹏，田天，樊凤菊著

. -- 长春 ： 吉林科学技术出版社，2023.5

ISBN 978-7-5744-0515-8

Ⅰ．①现… Ⅱ．①谢… ②田… ③樊… Ⅲ．①计量②
计量管理 Ⅳ．①TB9

中国国家版本馆 CIP 数据核字（2023）第 103849 号

现代计量技术与计量管理

著	谢 鹏 田天樊 凤 菊
出 版 人	宛 霞
责任编辑	吕东伦
封面设计	南昌德昭文化传媒有限公司
制 版	南昌德昭文化传媒有限公司
幅面尺寸	185mm×260mm
开 本	16
字 数	275 千字
印 张	12.75
印 数	1－1500 册
版 次	2023年5月第1版
印 次	2024年2月第1次印刷

出 版	吉林科学技术出版社
发 行	吉林科学技术出版社
地 址	长春市福祉大路5788号
邮 编	130118
发行部电话/传真	0431-81629529 81629530 81629531
	81629532 81629533 81629534
储运部电话	0431-86059116
编辑部电话	0431-81629518
印 刷	三河市嵩川印刷有限公司

书 号	ISBN 978-7-5744-0515-8
定 价	90.00元

前 言 PREFACE

　　计量工作是支撑经济科技发展、社会和谐进步的一项重要基础工作。在当前科学发展、和谐发展、低碳发展已成为时代主题，质量、效益和安全决定着每一个单位、每一个组织命运的大背景下，全球化进程不断加快，市场化竞争加剧升级，社会各界对计量工作重要性的认识不断加深，各级政府、相关部门、企事业单位对计量工作的定位更加准确，从而进一步夯实了计量工作的基础地位，全方位推动了计量管理和计量技术进步，计量工作在保障经济社会发展中的重要作用日益凸显。

　　随着科学技术的不断发展，人们对产品质量要求越来越高，完美的产品质量给人类带来文明，舒适和幸福。质量不仅是一个企业发展的基础，更是一个国家技术水平和管理水平的综合反映。为此，世界各国都把质量视为"生命"，十分重视。本书主要介绍计量学概述，计量单位和单位制，计量管理发展简史，计量管理原理和方法，计量法律体系，计量管理体制，计量专业人才的教育，培训和管理，计量工作规划，计划和统计，计量基准与计量标准，标准物质的管理等内容。围绕计量和计量学的基础理论，对计量单位、测量仪器、测量误差分析等展开论述，然后对气体、水质、质量等专业计量技术的实践应用进行了详细阐述，最后本书对计量工作的管理和监督做了阐述，可供计量工作人员提供参考。

目录 CONTENTS

第一章　计量概述

第一节　测量与计量的基础理论

一、测量

（一）测量概述

测量是人类认识和揭示自然界物质运动的规律、借以定性区别和定量描述周围物质世界，从而达到改造自然和改造世界的一种重要手段。可以说，测量的概念起源于人类对物质世界的认识，人类在认识自然、改造自然的过程中，随着生产、劳动和生活的需要，将遇到各种现象和物体，并希望能定性地区别或定量地确定这些现象和物体的属性，他们用人体的某一部分或某一实物，确定距离的远近、土地的大小、食物的多少以及物体的轻重。随着人们在生产劳动实践中知识的不断积累，改造自然的能力逐步提高，人们把"确定的已知量"规定为某一量的单位量，通过它与一个未知量进行比较，从而确定这一未知量的大小，并将其（量的大小）用数值和单位的乘积（即量值）表示出来，这就是人们从事的测量活动。可见，一个量的大小，用量值来表示，而量值的获得是通过测量来实现的。随着人类社会和科学技术的高度发展，人类认识自然的能力又进一步深化，测量对象不再局限于物理量，还可以对化学量、工程量、生物量等进行定性区别和定量确定，从而测量范围不断扩大，测量不确定度要求不断提高，还出现了动态测量、在线测量、综合测量以及在严酷环境下的特殊测量，测量的概念更为宽广，其应用的范围及内容更为丰富。

什么是测量？按 JJF 1001—2011《通用计量术语及定义》中的定义，测量就是"通过实验获得并可合理赋予某量一个或多个量值的过程"。这一定义包括了三层内涵。①测量是通过实验来完成的，既可以是复杂的物理实验活动，如激光频率的绝对测量、纳米测量等；也可以是一种简单的动作；如称体重、用尺量布等。②测量是一个过程，即包括从确定被测的量开始，选定测量原理和测量方法，选用测量仪器，规定测量程序、控制影响量的取值范围，进行实验和计算，直至获得和报告具有适当不确定度的测量结果。③测量的先决条件是对测量结果预期用途相适应的量的描述、测量程序以及根据规定测量程序进行操作的经校准的测量系统。

在计量学中，测量既是核心的概念，又是研究的对象。因此，人们把测量有时也称为计量，例如把测量单位称为计量单位，把测量标准称为计量标准等。

1. 测量过程

测量活动是一个过程。所谓"过程"是指"一组将输入转化为输出的相互关联或相互作用的活动"。输入是过程的依据和要求（包括资源）；输出是过程的结果，是由有资格的人员通过充分适宜的资源所开展的活动将输入转化为输出；"相互关联"反映过程中各项活动间的互相联系、顺序和接口；"相互作用"反映过程中各环节的相互影响和关系。测量过程是由根据输入的测量要求，经过测量活动，到得到并输出测量结果的全部活动。测量过程有三个要素。①输入：确定被测量及对测量的要求；②测量活动：对所需要的测量进行策划，从测量原理、测量方法到测量程序；配备资源，包括适宜的且具有溯源性的测量设备，选择和确定具有测量能力的人员，控制测量环境，识别测量过程中影响量的影响，实施测量操作；③输出：按输入的要求给出测量结果，出具证书和报告。

"量"作为一个概念，有广义量和特定量之分。广义量是从无数特定同种量中抽象出来的量，如温度、容积、电压、长度等；而特定量是特指的某被测对象的量，只有可测量的特定量才能进行测量。测量时，受测量的物体、现象或状态称为被测量或被测对象。被测量有时指受测量的特定量，如某一杯水的温度、某一容器的容积、某处电源的输出电压以及某根导线的长度。

对被测量的描述要求对研究的现象、物体或物质的状态有详细说明，例如要求对包括与被测量有关的其他量（如时间、温度、压力、频率）作出说明。

按测量的目的提出测量要求，包括对被测量的详细要求、对影响量的要求、测量不确定度和测量结果的表达形式的要求等。确定了被测量和测量要求后，选择测量原理、测量方法和测量设备，确定测量人员，制定测量程序和开展测量活动。

【案例】

考评员在考核长度时，问室主任小尹："你讲一讲什么是测量过程，如测量一个精密零件，测量过程主要涉及哪些环节？"回答："测量过程就是确定量值的一组操作。其主要环节是，首先明确测量要求，确定测量原理和方法，选择测量仪器和手段，制定测量程序，实施测量，最后提出测量报告"。问："这一过程完整吗？"回答："我看可以吧！"

案例分析针对以上问题，该室主任在实际应用时对测量过程的理解还不够全面。

按 GB/T 19022—2003《测量管理体系测量过程和测量设备的要求》第7.2条的要求，测量过程中还必须识别及考虑影响测量过程的各种影响量，包括对环境条件的要求、操作者能力、对测量人员的技能要求、影响测量结果可靠性的其他因素。要加强对基础知识的具体应用能力。

2. 测量原理

测量原理是指"用作测量基础的现象"。它是指测量所依据的能够被科学原理充分解释的自然效应和现象。它可以是物理现象、化学现象或生物现象。例如,用于测量温度的热电效应;用于测量物质的量浓度的能量吸收;快速奔跑的兔子血液中葡萄糖浓度下降现象,用于测量制备中的胰岛素浓度。正确地运用测量原理,是保证测量准确可靠的基础。

3. 测量方法

测量方法是指"对测量过程中使用的操作所给出的逻辑性安排的一般性描述"。换个说法就是,根据给定测量原理实施测量时,对所用的合乎逻辑顺序的操作的概括说明。测量方法就是测量原理的实际应用。由于测量的原理、运算和实际操作方法的不同,通常会有多种测量方法。例如,根据欧姆定律测量电阻时,可采用伏安法、电桥法及补偿法等测量方法。

(1)直接测量法和间接测量法。这是根据量值取得的不同方式来进行分类的。直接测量法是指"不必测量与被测量有函数关系的其他量,而能直接得到被测量值的一种测量方法"。换言之,是指测量结果可通过测量直接获得的测量方法。大多数情况下采用直接测量法,测得结果是由测量仪器的示值直接给出的,但在进行高准确度测量时,为了减小测量结果中所含的系统误差,通常需要做补充测量来确定其影响量的值,对测量结果加以修正,即使这样,这类测量仍属直接测量。间接测量法是指"通过测量与被测量有函数关系的其他量,从而得到被测量值的一种测量方法"。也就是说,被测量的量值是通过其他量的测量,按一定函数关系计算出来的。

如长方形面积是通过测量其长度和宽度用其乘积来确定的,固体密度是根据测量物体的质量和体积的结果,按密度定义公式计算的。间接测量法在计量学中有特别重要的意义,许多导出单位,如压力、流量、速度、重力加速度、功率等量的单位的复现是由间接测量法得到的。

(2)基本测量法和定义测量法;"通过对一些有关基本量的测量,以确定被测量值的测量方法"称为基本测量法,也叫绝对测量法。"根据量的单位定义来确定该量的测量方法"称为定义测量法,这是按计量单位定义复现其量值的一类方法,这种方法既适用于基本单位也用于导出单位。

(3)直接比较测量法和替代测量法。"将被测量的量值直接与已知其值的同一种量相比较的测量方法"称为直接比较测量法。这种测量方法在工程测试中广为应用,如标准量块的长度测量,在等臂天平上测量砝码等。这种方法有两个特点:①必须是同一种量才能比较;②要用比较式测量仪器。采用这种方法,许多误差分量由于与标准的同方向增减而相互抵消,从而获得较高的测量不确定度。"将选定的且已知其值的同种量替代被测量,使在指示装置上得到相同效应以确定被测量值的一种测量方法"称为替代测量法。例如,在质量计量中常用波尔特法,将被测的物体置于天平的秤盘上,使之平衡,然后取下被测物体,代替砝码再使天平平衡,那么所加砝码的质量即为被测物体的质量,这种方法的优点在于能消除天平不等臂性带来的测量不确定度分量。

（4）微差测量法和符合测量法。"将被测量与同它只有微小差别的已知同种量相比较，通过测量这两个量值间的差值以确定被测量值的一种测量方法"称为微差测量法。例如，用量块在比较仪上测量活塞的直径的孔径，比较仪上的示值差即为"两个量值之差"。由于两个相比较的量处于相同条件下比较，因此，各个影响量引起的误差分量可自动作局部抵消或基本上全部抵消。微差测量法的测量不确定度来源主要有两个分量：一是计量标准器的误差引入的不确定度分量，二是比较仪引入的不确定度分量。"用观察某些标记或信号相符合的方法，来测量出被测量值与作为比较标准用的同一种已知量值之间微小差值的一种测量方法"称为符合测量法。例如，用游标卡尺测量零件尺寸就是利用这种测量方法，使游标上的刻线与主尺上的刻线相符合，确定零件的尺寸大小。

（5）补偿测量法和零值测量法。将测量过程作这样的安排，使一次测量中包含有正向误差，而在另一次测量中包含有负向误差。因此，测量结果中大部分误差因能互相补偿而消去，把这种测量方法称为"补偿测量法"。如在电学计量中，为了消除热电势带来的系统误差，常常改变测量仪器的电流方向，取两次读数和的二分之一为测量结果。"调整已知其值的一个或几个与被测量有已知平衡关系的量，通过平衡原理确定被测量值的一种测量方法"称为零值测量法，也称为平衡测量法，例如，用电桥测量电阻就是采用这种方法。

当然，按测量的特点和方式，测量又可分为接触测量和非接触测量、动态测量和静态测量、模拟测量和数字测量、手动测量和自动测量等。

4. 测量程序

测量程序是指"根据一种或多种测量原理及给定的测量方法，在测量模型和获得测量结果所需计算的基础上，对测量所做的详细描述"。测量程序也就是根据给定的方法实施对某被测量的测量时，对所运用的具体、详细的操作及计算步骤的详细说明。它通常要写成充分而详尽的文件以便操作者能进行测量，它可以包括有关目标测量不确定的陈述。相当于日常所说的操作规范、具体实施测量操作的作业指导书等文件。测量程序应确保测量的顺利进行。

测量原理、测量方法、测量程序是实施测量时所需的三个重要因素。测量原理是实施测量过程中的科学基础，测量方法是测量原理的实际应用，而测量程序是测量方法的具体化。

5. 测量资源的配置和测量影响量的控制

测量的资源包括测量人员、测量所需的测量仪器及其配套设备、测量所需的环境条件及设施、测量方法的规范、规程或标准以及有关文件。要实施测量，必须配备相应的测量仪器，为此必须选用经检定或校准合格且符合测量要求的测量仪器。测量人员应有一定的技能和资格。

为了获得准确可靠的测量、减少测量误差、减小测量不确定度，必须充分估计到影响量对测量结果的影响，对测量中明显影响测量结果的环境条件及其他各种因素，要采取控制措施。

6. 测量结果

测量结果是指"与其他有用的相关信息一起赋予被测量的一组量值"，测量结果通常表示为单个测得的量值和一个测量不确定度。对某些用途，如果认为测量不确定度可忽略不计，则测量结果可表示为单个测得的量值。测量结果通常包含这组量值的"相关信息"，诸如某些可以比其他方式更能代表被测量的信息。

（二）测量的作用

测量是人们认识世界、改造客观世界的重要手段。测量是科学技术的基础，正如俄国科学家门捷列夫所说："没有测量，就没有科学"。科学从测量开始，每一种物质和现象，只有通过测量才能真正认识。不能测量的东西，人们就不可能全面地认识它。测量是工业生产的重要手段，它可以保证产品质量、零配件互换、改进和监控工艺、改善劳动条件、加强经营管理、提高劳动生产率和实现生产的自动化现代化。测量是掌握物资财富和动力资源数量的途径，是经济合理地使用这些财富、减少能源和材料消耗的重要手段。测量可以维护社会经济秩序，确保国内和国际上贸易活动的正常进行。环境监测和食品、药品以及医疗卫生、安全防护等方面的测量直接影响到人们的健康和安全。测量涉及人们生活中的衣食住行，买东西要称重量、做衣服要量尺寸，人们生活中处处离不开测量。因此，测量与国民经济、社会发展和人民生活有着十分密切的关系，具有十分重要的地位。在人们认识自然、改造自然的过程中，在各个领域无时无处不存在测量。如果没有测量，一切社会活动都是无法想象的。

二、计量

（一）计量概述

单位的统一是测量统一的基础，测量统一则反映在量值准确可靠和一致性上。那么，什么是计量？按我国 JJF 1001—2011《通用计量术语及定义》中的定义，计量是指"实现单位统一、量值准确可靠的活动"。这个定义明确了计量的目的及其基本任务是实现单位统一和量值准确可靠，其内容是为实现这一目的所进行的各项活动。这一活动具有十分的广泛性，它涉及工农业生产、科学技术、法律法规、行政管理等，通过计量所获得的测量结果是人类活动中最重要的信息源之一。计量的最终目的就是为国民经济和科学技术的发展服务。

（二）计量的发展

计量的历史源远流长，计量的发展与社会进步联系紧密，它是人类文明的重要组成部分。

计量的发展大体可分为古代计量、近代计量和当代计量三个阶段。

1. 古代计量

有关文字记载和器物遗存证明,早在数千年前出于生产、贸易和征收赋税等方面的需要,古埃及、巴比伦、印度和中国等地均已开始进行长度、面积、容积和质量的计量。计量在我国历史上称为"度量衡"。由于生产和商品交换的发展,私有制逐渐形成,早在奴隶社会初期,就有人利用度量衡图谋私利,由此发生争执。史籍记载,约公元前 21 世纪,传说黄帝就设置了"衡、量、度、亩、数"五量。舜在行使权力时即"协时月正日,同律度量衡"。禹在划分九州、治理水患时,使用规矩、准绳等测量工具,丈量规划四方土地。我国古代用人体的某一部分或其他的天然物、植物的果实作为计量标准,如"布手知尺""掬手为升""取权为重""迈步定亩""滴水计时",进行计量活动。关于周朝(约公元前 1037 年)的度量衡法制记载,《礼记》说"周公六年,颁度量而天下大服"。《周礼》说,周朝设内宰颁行度量衡法令;大行人掌管发放标准器;合方氏负责监督检查;办理地方事务的官职叫司事;管理市场的叫质人。公元前 221 年,秦始皇统一全国后,颁发诏书,以最高法令形式将度量衡法制推行于天下。秦朝还监制了许多度量衡标准器,并实行定期的检定制度。

我国历史上计量的发展,为人类进步作出了突出的贡献。西汉末年(即 2000 年以前),王莽进行度量衡改革时颁行的标准器之一,即用青铜铸造的新莽嘉量,成为我国历史上度量衡器的珍品。嘉量由五个分量组成,每个分量代表一个容积单位,并且一个器具将长度、容积、重量三量合一,在中国古代计量发展史上写下了光辉的一页。我国出土的新莽九年游标卡尺,其原理和操作方法与 1000 多年以后出现的近代游标卡尺基本相同。我国古代就提出"自然基准"的概念,汉代已用声波作为长度基准,具体的量值复现用"黄钟律管",即用共鸣声频率相对应的管腔长度作为长度基准。我国历史上把漏刻作为记时仪器,已使用了几千年,现存最早的记时仪器漏刻是西汉(公元前 60 年)时期出土的。计量是历代王朝行使权力的象征,如北京故宫博物院太和殿和乾清宫丹陛前左右两侧,分别陈列着鎏金铜嘉量和日晷两件计量器具,庄严地展示着清王朝的统治权力。我国古代的计量发展史,也从另一个侧面展示出了中华民族的智慧和文化。

2. 近代计量

从世界范围看,1875 年"米制公约"的签订,标志着近代计量的开始。随着近代物理学的发展,近代计量逐步引入了"物理量"的概念,使计量研究应用的对象得到了技术扩展。这一阶段的主要特征是计量摆脱了利用人体、自然物体作为"计量基准"的原始状态,进入以科学技术为基础的发展时期。由于科技水平的限制,这个时期的计量基准大都是经典理论指导下的宏观实物基准,例如,根据地球子午线长度的四千万分之一长度,用铂铱合金制成长度基准原器。

根据一立方分米体积的纯水在其密度最大时的质量,用铂铱合金制成了质量基准千克原器;根据地球围绕太阳转动的周期来定义时间的单位秒;根据两通电导线之间产生的力来定义电流的单位安培等,建立了一种所有国家都能使用的计量单位制。但这种计量基准（即国际计量标准）随着时间的推移，由于腐蚀、磨损或自然现象的变化使量值难免发生微小变化，由于复现技术的限制，准确度也难以提高。随着工业生产的迅速发展，被测的量更为广泛，计量的范围也在逐渐扩大。

从我国的实际情况看，由于原有的工业基础薄弱，20世纪50年代我国进入了国民经济全面恢复时期，也是我国工业化奠基的时期，数百个大型工业企业的建立，使工业部门的计量工作逐步兴起。1955年国务院设立了国家计量局，才开始推行米制，制定了统一计量制度的条例法规，组织计量器具的检定；1956年把"统一的计量系统、计量技术和国家标准的建立"列入国家重点发展项目，同时，采取建立临时计量标准的措施；1957年我国可以开展国家检定的计量专业发展到长度、温度、力学、电学计量等九大类，初步形成了我国近代计量科学体系的雏形。

1959年国务院发布了《关于统一计量制度的命令》和《统一公制计量单位名称方案》，促进了我国计量工作的发展。

3. 现代计量

现代计量的标志是1960年国际计量大会决议通过并建立的适用于各个科学技术领域的计量单位制，即国际单位制。它将以经典理论为基础的宏观实物基准，转为以量子物理和基本物理常数为基础的微观自然基准。也就是说，现代计量以当今科学技术的最高水平，使基本单位计量基准建立在微观自然现象或物理效应的基础上，并建立科学、简便、有效的溯源体系，实现国际上测量的统一。基本物理常数是指自然界的一些普遍适用的常数，它们不随时间、地点或环境条件的影响而变化。基本物理常数的引入和发展在定义计量基本单位和导出单位方面起到了关键的作用。例如：1967年第十三届国际计量大会决议，以13 Cs原子基态的两个超精细能级间跃迁相对应的辐射的9192631770个周期的持续时间为1s，使秒的复现不确定度达$10-14$～$10-15$量级；1983年第十七届国际计量大会通过了新的米定义，采用了光在真空中于（1/299792458）s时间间隔内所经路程的长度为1m，使米的复现不确定度达$10-11$～$10-12$量级；此外，1990年在电压和电阻单位定义中采用了约瑟夫森常数K；和冯·克理青常数R的约定值，质量的单位也即将采用基于有关基本物理常数的新定义，摩尔的定义用到了阿伏加德罗常数NA等。定义中采用一些有关的基本物理常数，这将大大减小计量基准复现的不确定度，以满足科学研究、国民经济、生产和社会发展的需要。

我国现代计量的发展经历了多次飞跃。在20世纪60年代，我国以建立计量基准作为国家科研规划项目的重中之重。从60年代到80年代，我国计量科研进入了一个高速发展的时期，经过了10余年的努力，相继建立了包括一些自然基准在内的100余项计量基准，为我国现代计量事业的发展奠定了基础。我国计量基准体系的建立，标志着我国现代计量科学已从根基上拉近了与国际计量科学水平的距离，有的基准技术水平已接近或达到国际先进水平。在计量领域扩充了化学计量。70年代我国加入《米制公约》，形成了国际计量交流与合作的新局面。

从 20 世纪 80 年代起，我国迎来了现代计量发展的新的历史机遇。1985 年颁布了《中华人民共和国计量法》，使计量全面介入商贸、安全、健康、环保等涉及国计民生的重要领域，逐步建立我国的法制计量体系，使计量全面进入现代社会领域并展现了其公正、公平和权威的形象。计量法的实施，为各行各业几十万个企业规范了计量管理，配备了必要的计量器具，培训了计量技术和管理人才。在工业领域全面建立并完善了计量保证体系，使我国工业计量的规模和水平得到了空前的扩展和提高，使计量转变为生产力。通过对贸易结算、安全防护、医疗卫生、环境监测领域的计量器具的强制检定，维护了国家和人民的利益。

进入 21 世纪后，随着国民经济的快速发展，国家对计量工作的支持力度不断增加，使我国现代计量有了更大规模的发展。以量子物理为依据的基础研究取得进一步发展，课题选择面向国际计量热点和前沿关键问题，例如，量子质量基准、光钟、基本常数测量研究等，陆续取得丰硕的成果，并正在逐步建立我国现代科学计量体系。进一步完善国家计量法规，开拓法制计量的新领域，完善计量保障机构，逐步建立我国现代法制计量体系。进一步加强企业基础工作，完善企业测量管理体系。大力推广不确定度的应用，普遍开展校准服务，逐步建立我国现代工业计量体系。通过签订国际计量互认协议，广泛参加国际比对和同行评审，积极开展国际计量交流与合作，我国的计量基准和计量校准测试能力得到了国际上的普遍承认，我国的计量水平已跻身于国际先进行列。

（三）计量的特点

计量具有以下四个方面的特点。

1. 准确性

准确性是指测量结果与被测量真值的接近程度。它是开展计量活动的基础，只有在准确的基础上才能达到量值的一致。由于实际上不存在完全准确无误的测量，因此在给出测量结果量值的同时，必须给出其测量不确定度（或误差范围）。否则，所进行的测量的质量（品质）就无从判断。所谓量值的"准确"，是指在一定的不确定度、误差极限或允许误差范围内的准确。只有测量结果的准确，计量才具有一致性，测量结果才具有使用价值，才能为社会提供计量保证。

2. 一致性

计量的基本任务是保证单位的统一与量值的一致，计量单位统一和单位量值一致是计量一致性的两个方面，单位统一是量值一致的前提。量值一致是指量值在一定不确定度内的一致，是在统一计量单位的基础上，无论在何时、何地，采用何种方法，使用何种测量仪器，以及由何人测量，只要符合有关的要求，其测量结果就应在给定的区间内一致。也就是说，测量结果应是可重复、可再现（复现）、可比较的。通过量值的一致性可证明测量结果的准确可靠。计量的实质是对测量结果及其有效性、可靠性的确认，否则，计量就失去其社会意义。国际计量组织非常关注各国计量的一致性，采取了一些措施。例如，开展国际关键比对和辅助比对，目的是验证各国的测量结果在等效区间或协议区间内的一致性。

3. 溯源性

为了实现量值一致,计量强调"溯源性"。溯源性是确保单位统一和量值准确可靠的重要途径。溯源性是指任何一个测量结果或计量标准的量值,都能通过一条具有规定不确定度的连续比较链,与计量基准联系起来。这种特性使所有的同种量值,都可以按这条比较链通过校准向测量的源头追溯,也就是溯源到同一个计量基准(国家基准或国际基准),或通过检定按比较链进行量值传递。否则,量值出于多源或多头,必然会在技术上和管理上造成混乱。所谓"量值溯源",是指自下而上通过不间断的比较链,使测量结果或测量标准的量值与国家基准或国际基准联系起来,通过校准而构成溯源体系;而"量值传递",则是指自上而下通过逐级检定或校准而构成检定系统,将国家基准所复现的量值通过各级测量标准传递到工作测量仪器的活动。自下而上的量值溯源和自上而下的量值传递,都使测量的准确性和一致性得到保证。

4. 法制性

古今中外,计量都由政府纳入法制管理,确保计量单位的统一,避免不准确、不诚实的测量带来的危害,以维护国家和消费者的权益,都是通过法制来实现的。计量的社会性本身就要求有一定的法制性来保障,不论是计量单位的统一,还是计量基准的建立,制造、修理、进口、销售和使用计量器具的管理,量值的传递,计量检定的实施等,不仅依赖于科学技术手段,还要有相应的法律、法规,依法实施严格的计量法制监督,也就是说,某些计量活动必须以法律法规的形式作出相应的规定,并依法实施监督管理。特别是对国民经济有明显影响、涉及公众利益和可持续发展或需要特殊信任的领域,必须由政府建立起法制保障。否则,计量的准确性、一致性就不可能实现,计量的作用也难以发挥。

（四）计量的分类

计量活动涉及社会的各个方面。国际上有一种观点,按计量的社会功能,把计量大致分为三个组成部分,即法制计量、科学计量、工业计量(又称工程计量),分别代表以政府为主导的计量社会事业、计量的基础和计量应用三个方面。

1. 法制计量

法制计量是计量的一部分,是计量工作的重要方面。计量作为社会事业,并不是每一个方面都需要政府管理。政府应把管理重点放在制定与实施计量法律法规并依法进行计量监督上,也就是说,法制计量是政府及法定计量检定机构的工作重点。在国民经济、社会生活中,存在着有利害冲突的计量,法制计量的目的是要解决由于不准确、不诚实测量所带来的危害,以维护国家和人民的利益。为了消除这种利害冲突,则必须实施依法管理。当前,国际社会公认的法制计量领域即为我国《计量法》所规定的贸易结算、安全防护、医疗卫生、环境监测等领域。近年来,随着可持续发展的战略提出,各国对资源越来越重视,资源控制也将纳入依法管理的范围。因此,法制计量的领域是随经济发展而变化的。

什么是法制计量? 在 JJF 1001—2011《通用计量术语及定义》中指出,法制计量是指"为满足法定要求,由有资格的机构进行的涉及测量、测量单位、测量仪器、测量方法和测量结果的计量活动,它是计量学的一部分"。由这个定义我们可以得知,法制计量的主要内容包括测量、计量单位、计量器具、测量方法和测量结果的控制等,而这些工作必须由有资格的机构即法定计量检定机构或授权的计量技术机构来执行。总之,法制计量是政府行为,也是政府的职责。

2. 科学计量

科学计量是科技和经济发展的基础,也是计量的基础,它是指基础性、探索性、先行性的计量科学研究,通常用最新的科技成果来精确地定义与实现计量单位,并为最新的科技发展提供可靠的测量基础。科学计量是计量技术机构的主要任务,包括计量单位与单位制的研究、计量基准与标准的研制、物理常数与精密测量技术的研究、量值传递和量值溯源系统的研究、量值比对方法与测量不确定度的研究。当然也包括对测量原理、测量方法、测量仪器的研究,以解决有关领域准确测量的问题,开展动态、在线、自动、综合测量技术的研究,开展新的科学领域中量值溯源方法的研究,提高测量人员测量能力的研究,联系生产实际开展与提高工业竞争能力有关的计量测试课题的研究,以及涉及法制计量和计量管理的研究等。科学计量是实现单位统一、量值准确可靠的重要保障。

3. 工业计量

工业计量也称为工程计量。一般是指工业、工程、生产企业中的实用计量。有关能源或材料的消耗、监测和控制,生产过程工艺流程的监控,生产环境的监测以及产品质量与性能的检测、企业的质量管理体系和测量管理体系的建立和完善,生产技术的开发和创新,企业的节能降耗与环保,统计技术的应用,经营和管理生产活动,安全的保障,提高生产效率等,无不与计量有关,因此计量是生产活动中不可缺少的,已成为企业的重要技术基础。"工业计量"的含义具有广义性,并不是指单纯的工业领域,广义的是指除了科学计量、法制计量以外的其他计量测试活动,它是涉及应用领域的计量测试活动的统称,涉及社会生活的各个领域,在生产和其他各种过程中的应用计量技术均属于工业计量的范畴。工业计量一词是我国对这些计量测试活动的一种习惯用语,涉及建立企业计量检测体系,开展各种计量测试活动,建立校准、测试服务市场,发展仪器仪表产业等方面。工业计量测试能力实际上也是一个国家工业竞争力的重要组成部分,在高技术为基础的经济构架中显得尤为重要。工业计量在国民经济中的实际应用具有广阔的前景。

【案例】

考评员到衡器检定室进行考核,问检定员小张:"你从事衡器检定工作几年了?"回答:"两年多了"。

问:"你们都参加过培训吗?"

回答:"参加过"。

考评员问："请你给我讲讲什么是'计量'"。

回答："计量就是检定吧"。

又问："你们认为作为一个计量工作者最重要的工作目的是什么？"

回答："完成检定任务"。

考评员又问："你们没有培训过这些基础知识吗？"

回答："可能讲过，记不清了"。

案例分析依据JJF 1001—2011《通用计量术语及定义》中计量的定义，计量就是"实现单位统一、量值准确可靠的活动"。问题在于培训工作不到位，检定员小张对"计量"基本概念的理解不全面，在实际工作中不能很好地应用。

按《法定计量检定机构考核规范》第6.2.2条规定："与计量检定、校准和检测等服务项目直接相关的人员，应经过必要的培训，具备相关的技术知识、法律知识和实际操作知识"。作为计量检定人员，应理解和应用JJF 1001—2011《通用计量术语及定义》的内容。什么是计量？计量就是"实现单位统一、量值准确可靠的活动"。确保单位统一和量值准确可靠是计量工作最根本的任务，而检定只是计量活动的一个方面。

第二节　计量学

一、计量学概述

从科学的发展来看，计量曾经是物理学的一部分，后来随着领域和内容的扩展，形成了一门研究测量理论和实践的综合性科学，成为一门独立的学科——计量学。按JJF 1001—2011《通用计量术语及定义》中的定义，计量学是"测量及应用的科学"。计量学涵盖有关测量的理论及其不论其测量不确定度大小的所有应用领域。计量学研究的对象十分广泛，如：可测的量；计量单位和单位制；计量基准、标准的建立、复现、保存和使用；量值传递和量值溯源；测量结果及其不确定度的评定等有关测量的一切理论和实际应用问题。

计量学作为一门科学，它同国家法律、法规和行政管理紧密结合的程度，在其他学科中是少有的。计量是科学技术和管理的结合体，它包括计量科技和计量管理两个方面，两者相互依存、相互渗透，即计量管理工作具有较强的技术性，而计量科学技术中又涉及较强的法制性。因此，计量科学的研究不仅涉及有关计量科学技术，同时涉及有关法制计量和计量管理的内容。计量学有时简称计量。随着科学技术和生产的发展，计量学的内容还会更加丰富。

计量学通常采用了当代的最新科技成果，计量水平往往反映了科技水平的高低。计量又是科学技术的基础，没有计量就没有科技的发展，计量学的发展将大大推动科学技术的发展。

二、计量学的范围

计量学应用的范围十分广泛，人们从不同角度，对计量学进行过不同的划分。按计量应用的范围，即按社会服务功能划分，通常把计量分为法制计量、科学计量和工业计量。我国目前按专业，把计量分为十大类计量，即几何量计量、热学计量、力学计量、电磁学计量、电子学计量、时间频率计量、电离辐射计量、声学计量、光学计量、化学计量。

1. 几何量计量

几何量计量在习惯上又称长度计量。其基本参量是长度和角度。按项目分类，包括：线纹计量，端度计量，线胀系数，大长度计量，角度计量，表面粗糙度、齿轮、螺纹、面积、体积等计量。

也包括形位参数直线度、平面度、圆度、垂直度、同轴度、平行度、对称度等计量；以及空间坐标计量、纳米计量等。几何量计量的应用十分广泛，绝大部分物理量都是以几何量信息的形式进行定量描述的，在计量单位中占有重要地位。

2. 热学计量

热学计量主要包括温度计量和材料的热物性计量。温度计量按国际实用温标划分可分为：高温计量中温计量和低温计量。热物性是重要的工程参量，热物性计量包括导热系数、热膨胀、热扩散、比热容和热辐射特性等方面。通常在工业化自动生产过程中，温度、压力、流量是三个常用的热工参数，为了与实际应用相结合，通常把压力、真空和流量放入热学计量部分，而把这一部分称为"热工计量"；但按专业划分，即按"量和单位"分类划分，压力、真空和流量应属于力学量。有时把热物性计量纳入化学计量中，则热学计量简称为温度计量。

3. 力学计量

力学计量作为计量科学的基本分支之一，其内容极为广泛。力学计量涉及的领域包括：质量计量、容量计量、力值计量、压力计量、真空计量、流量计量、密度计量、转速计量、扭矩计量、振动和冲击计量、重力加速度等计量，也包括表征材料机械性能的硬度计量等技术参量。力学计量是计量学中发展最早的分支之一，古代"度量衡"中的"量"和"衡"就是现在所谓的容量计量和质量计量。随着现代工业生产和社会经济的发展，特别是近代物理学和计算技术的发展，力学计量的研究内容和手段在不断地扩充和扩展。

4. 电磁学计量

电磁学计量的内容十分广泛，其分类方法也多种多样。按学科分，可分为电学计量和磁学计量；按工作频率分，可分为直流电计量和交流电计量两部分。电磁计量所涉及的专业范围包括：直流和1MHz以下交流的阻抗和电量、精密交直流测量仪器仪表、模数或数模转换技术和交流、直流比例技术、磁学量、磁性材料和磁记录材料、磁测量仪器仪表以及量子计量等。电学计量包括：交直流电压、交直流电流、电能、电阻、电容、电感、电功率等计量。磁学计量包括：磁通、磁矩、磁感应强度等磁学量的计量。电磁计量具有较高的准确度、灵敏度，能够实现连续测量，便于记录和进行数据处理，并可实施远距离测量，人们越来越多地将各种非电量转换为电磁量进行测量。

5. 电子学计量

电子学计量习惯上又称为无线电计量。从电子学计量覆盖的频率范围看，包括超低频、低频、高频、微波计量、毫米波和亚毫米波整个无线电频段各种参量的计量。无线电计量需要测量的参数众多，大致可以分为两类：表征信号特征的参量，如电压、电流、场强、功率、电场强度、磁场强度、功率通量密度、频率、波长、波形参数、脉冲参量、失真、调制度（调幅、调频、调相）、频谱参量、噪声等；表征网络特性的参量，如集总参数电路参量（电阻、电导、电抗、电纳、电感、电容）、反射参量（阻抗、电压驻波比、反射系数、回波损失）、传输参量（衰减、相移、增益、时延）以及电磁兼容性等。电子学计量发展迅速，随着电子技术及通信技术的迅猛发展和智能型测量仪器、自动测试仪器的广泛应用，电子学计量在计量工作中发挥了越来越重要的作用。

6. 时间频率计量

时间频率计量所涉及的是时间和频率量，时间是基本量，而频率是导出量。时间计量的内容包括：时刻计量和时间间隔计量。频率计量的主要对象，是对各种频率标准（简称频标）、晶体振荡器和频率源的频率准确度、长期稳定度、短期稳定度及相位噪声的计量，以及对频率计数器的检定或校准。

7. 电离辐射计量

电离辐射计量的主要任务是三个：一是测量放射性本身有多少的量，即测量放射性核素的活动；二是测量辐射和被照介质相互作用的量；三是中子计量。电离辐射计量应建立放射性活度，X、γ射线吸收量，X、γ射线照射量和中子注量等计量基准和标准，开展对标准辐射源、医用辐射源、活度计、X、γ谱仪、比释动能测量仪、剂量计、照射量计、注量测量仪、电离辐射防护仪等测量仪器的检定和校准。电离辐射计量广泛应用于科学技术研究、核动力、核燃料、工农业生产、生物学、医疗卫生、环境保护、安全防护、资源勘探、军事国防等各个领域和部门。

8. 声学计量

声学计量包括超声、水声、空气声的各项参量的计量，声压、声强、声功率是其主要参量，还包括声阻、声能、传声损失、听力等计量。这些参量的测量和研究是声学计量技术的基础。声学计量包括以下内容：如空气声声压计量、超声声强和声功率计量、水声声压计量、听觉计量和机械噪声声功率及噪声声强计量。声学计量在量值传递、溯源过程中，所检定或校准的对象有传声器、声级计、听力计、超声功率计、水听器、标准噪声源及医用超声源、超声探伤仪、超声测厚仪等。水声计量已成为研究和利用海洋,以及进行探测、导航、通信等的一种强有力的手段,在国防和经济建设中有着广泛的应用。

9. 光学计量

光学计量包括自红外、可见光到紫外的整个光谱波段的各种参量的计量。根据研究对象的不同,光学计量主要包括:辐射度计量(辐射能量、辐射强度、辐射亮度、辐射照度、曝辐射量),光度计量(发光强度、光亮度、光出射度、光照度、光量、曝光量),激光辐射度计量(激光辐射量、激光辐射时域参量、激光辐射空域参量),材料光学参数计量(材料反射特性参数、材料透射特性参数),色度计量,光纤参数计量,光辐射探测器参数计量等。光学计量还包括:眼科光学计量,成像光学计量,几何光学计量等。

10. 化学计量

随着测量科学的不断发展,化学已从局限于定性描述一些化学现象逐步发展成为今天的定量描述物质运动的内在联系的一门基础科学,而化学计量则是在不同空间和时间里测量同一量时为保证其量值统一的基本手段。由于物质和化学过程的多样性和复杂性,在大多数化学测量中,物质都要经历某些化学变化,而且产生消耗,所以广泛采用相对测量法进行测量。由于化学过程的这一特点,在化学计量中多采用标准物质来进行量值传递和溯源,以及通过有关部门颁布标准测量方法、标准参考数据,建立量值传递和溯源体系。标准物质的研制在化学计量中十分重要。标准物质按特性分类分为:化学成分标准物质、物理化学特性标准物质、工程技术特性标准物质。化学计量包括燃烧热、酸碱度、电导率、黏度、湿度、基准试剂纯度等计量,也包括为建立生物技术可溯源的测量体系,开展生物量计量。

第三节　计量在国民经济和社会生活中的地位和作用

在人们的广泛社会活动中,每时每刻都在进行着大量的各种不同的测量,科学实验、工农业生产、商品流通、人民生活都离不开测量,而且在测量过程中都在追求测量的准确。没有准确的测量,则科学实验数据虚假,工艺过程无法控制,产品加工质量低劣,能源消耗心中无数,贸易结算产生分歧,市场买卖缺斤少两,医疗卫生错诊错治,统计报表数据不实,经济管理假账真算等,都对国民经济的各个领域、社会活动的各个方面产生影响,使社会经济活动不能正常进行,经济秩序发生混乱。计量工作就是为测量的准确提供可靠的保证,确保国家计量单位制度的统一和全国量值的准确可靠,这是国家的重要政策。可见,计量是发展国民经济的一项重要技术基础,是确保社会活动正常进行的重要条件,是保护国家和人民利益的重要手段,计量在国民经济中具有十分重要的作用。

（一）计量与科学技术

计量是发展科学技术的重要基础和手段。聂荣臻元帅曾说过："科学要发展，计量须先行"，"科学技术发展到今天，可以说，没有计量，寸步难行"。这就十分准确地说明了计量与科学技术的关系。科学研究要依靠先进的计量测试手段和准确的实验数据，事实上，科学研究本身往往就是一个不断测量的过程，科学实验的数据最终也都是以量值来表述。实践证明，通过测量活动对某个量有了新的认识，能够帮助我们发现用已有的知识不能解释的新现象，从而成为开创科研新领域的先导。测量的结果是科学研究成果的评价依据，测量的质量往往成为科学实验成败的重要因素。当前，测量的对象已突破物理量，扩大到化学量、工程量、生物量、心理量等新领域，尤其需要重视科技创新，发展高新技术产业。计量已成为各个学科科技发展的重要条件，加速发展计量科学技术已成为当前提高科学技术水平、推动技术进步和发展社会生产力的一项紧迫任务。

（二）计量与生产

生产的发展，经营管理的改善，产品质量和经济效益的提高，都与计量息息相关。计量是工业生产的"眼睛"，是农业生产的"参谋"。计量器具是否准确，能否正确使用，直接关系到生产能否有序进行，能否提高生产效率。就工业企业来说，计量贯穿于生产、经营的各个环节，没有准确的计量，就没有可靠的数据，也就根本谈不上高质量的产品。国外工业发达国家把计量检测、原材料和工艺装备列为现代化工业生产的三大支柱，足以看出计量在工业生产过程中的地位和作用。计量在农业生产过程中，也具有十分重要的作用。计量在农业生产中的应用十分广泛，如选种、育种、施肥、土壤成分化验、作物营养成分分析、农药剂量与效果及残留物分析、农业标准化过程中的检测、农资产品参数指标的检测以及农业生产经营管理等，都离不开计量。计量在工农业生产中的广泛应用，促进了我国工农业生产水平的大幅提升。

（三）计量与社会经济秩序

计量是维护社会经济秩序的重要手段，计量具有法制性。《计量法》规定，我国采用国际单位制，统一实行法定计量单位，废除非法定计量单位。科学统一计量单位制度，是社会经济秩序得以维持的必要条件。随着我国商品经济的迅速发展，计量纠纷也日益增多，在商品流通中，不法分子利用计量器具有意作弊，克扣群众，有的定量包装商品分量不足，侵犯了消费者利益。医疗卫生、安全防护、环境监测用计量器具的失准失修，严重威胁着人民群众的健康和生命、财产的安全。为此，《计量法》规定，对用于贸易结算、安全防护、医疗卫生、环境监测工作的计量器具，由政府实施强制管理，必须经检定合格才允许使用。鉴于计量器具在保证量值统一和维护社会经济秩序方面所处的特殊地位，《计量法》规定，对计量器具新产品要经定型才能投产，对制造、修理计量器具的企业，进口、销售计量器具的各个环节实施法制管理。这些措施都极大地维护了国家和人民群众的利益。

（四）计量与贸易

计量是贸易赖以正常进行的重要条件,可以说,现代贸易若无计量保证是难以想象的。计量是把好贸易中商品数量关的重要手段,贸易中很多商品都是根据商品的量来结算的,而商品的量必须借助计量器具来确定。计量器具的量值是否准确将直接影响买卖双方的经济利益,尤其是大宗物料的贸易,影响就更为突出。计量也是把好贸易中商品质量关的重要保证,任何一种商品的质量,总是以若干个参数指标来评价,而商品参数指标的科学测量都是依靠计量测试来完成的。通过把好计量商品的质量关,还能增加商品的竞争能力。

随着贸易的全球化,国际贸易的发展迅速,计量显得更为重要。在世界市场上成功的交易,越来越需要复杂的测量、合格评定符合性试验、标准及标准物质。不相容的标准或者缺乏准确一致的计量,都可能阻碍商品进入市场。全球市场贸易要求这些测量必须可溯源至国家计量基准,并且量值与国际上一致。计量随国际贸易的发展而发展,为了打破国外的技术壁垒,要求商品的测量数据和检验结果得到其他国家的承认和接受,这就必须有准确可靠的计量保障,具有相互接受的一致的测量。在国际贸易中,由于中国经济的崛起,我国各行各业的大小企业已经发生了很大的变化,为了提高产品质量,正在按国际标准推行质量管理体系,计量职能和测量的质量保证是质量管理体系的重要内容之一。我国也正在按照国际标准推行对校准实验室和检测实验室的认可,开展合格评定和国际互认。而这一切的基础是现代测量能力,一个实验室与另一个实验室、一个国家与另一个国家之间的测量可比性,这是建立互认和相互接受的基础。由于存在技术壁垒阻碍贸易,有些商品不能进入外国市场,其部分原因是国家测量技术和标准不符合贸易伙伴的要求,而测量和标准的改进与发展正是克服这些技术壁垒的关键。测量方法和手段不完善,量值缺乏可比性、溯源性,将影响国际贸易的进行。

（五）计量与环境保护

从 20 世纪 80 年代起,我国政府就把环境保护作为一项基本国策。环境对我们至关重要,环境的变化直接影响到正常的生产、生活秩序。合理开发利用资源,努力控制环境污染,防止环境质量恶化,才能保障经济社会的全面、协调、可持续发展,在多项环境保护措施中对环境的监测是重要环节。通过监测环境的变化,确定这些变化对未来生态系统的影响,获取准确可靠的数据,成为有效地保护环境质量的关键。

水是生命之源,海洋、河流、冰川、湖泊的水质条件对我们都很重要,必须有规律地对水源进行测量,监测温度、酸碱度、盐度和重金属含量;为了保护我们呼吸的新鲜空气,防止有害的太阳辐射,必须有规律地测量空气、监测温室气体以及汽车和工业废气的排放量;监测太阳辐射能的变化,追踪天气、海洋温度和极地冰川融化速度的长期变化。土壤是食品生产的基地,优良的土壤有利于提高食物的质量和数量,保护植物和动物的多样性,必须持续地检测土壤,保证农作物最佳生长所需的土壤结构、酸碱度和肥沃度。声音是日常生活的一部分,但某些声音由于它的强度和持续性可能会损害环境,危害人们的健康,必须有规律地监测噪声污染,预防听力损伤;记录声波还常用来监测可能发生的地震和海啸。必须有规律地监测放射性矿物资源的开采、冶炼和加工过程中的核辐射对人的污染和影响,以保护人们的健康和安全。当前我国正在对工业污染源、农业污染源、生活污染源和集中式污染治理设施开展全国环境污染源普查活动,政府提出要严把普查数据质量关。在环境监测活动中,存在着大量的测量活动,而测量结果的准确可靠,正是通过国家基准、标准直至工作用计量器具的量值传递和溯源来保证的。我国《计量法》规定,对用于环境监测且列入强制检定目录的工作计量器具实施强制检定。计量在保护环境中发挥了重要的作用。

(六) 计量与节能

节约资源是我国的基本国策,是实现经济社会全面、协调、可持续发展和造福子孙后代的大事。计量是节能的基础,是衡量节能效果的重要手段。节能降耗主要是通过优化用能结构、合理控制和使用能源资源、提高能源效率、堵塞浪费漏洞、改造耗能大的工艺和设施、发展循环经济、开发可替代能源等措施来实现的。而这些措施都需要以准确可靠的计量检测数据为依据,否则任何节能措施都无法实施。因此,必须加强能源计量工作。

工业企业是我国能源消费的大户,是节能降耗的重要对象和主力军,必须抓好企业节能工作。要提高企业对能源计量的认识,只有准确可靠的计量数据,才可避免"煤糊涂""电糊涂""油糊涂""水糊涂"的产生。要提高能源计量检测能力,重视能源生产、供应、调配和消耗过程的测量,完善和配备能源计量设备。要开展定期检定、校准,确保能源计量检测数据的准确可靠。要加强能源数据管理,完善能源计量数据的采集、统计、分析和应用。必须重视节能改造,在节能改造中完善计量检测手段。计量是量化管理的关键,是统计的基础,没有准确的计量,量化管理就无从谈起,统计的真实性便难以保证,国家相关用能指标和评价体系无法构建,能源的科学决策宏观调控就无法实现。

节约能源不仅仅是企业的事,需要全社会的共同参与。必须大力宣传计量和节能的知识,提高全社会的计量意识、节能意识,营造人人参与节能的良好社会氛围。每个人每个家庭都在消耗水、电、煤气等资源,都要通过水表、电能表、煤气表等进行能源的测量,要提倡"节能从我做起",节约一滴水、一度电,把节能作为自觉的行为,将会给节约能源带来不可估量的影响。节能人人有责,节能离不开计量。

(七) 计量与国防

国防科研离不开计量。聂荣臻元帅曾在写给国防计量大会的贺信中指出"计量是现代化建设中一项不可缺少的技术基础。国防计量更是重要!"一个国家如果没有强大的国防军事实力,只能被动挨打。当代战争的特点是海陆空一体化、电子战、信息战的高科技战争,要求时间必须同步,频率必须一致,否则指挥通信将失控;象征国家实力的战略核武器研究就需要电离辐射计量。用激光束摧毁远距离飞行器卫星和导弹已成为现实,这种具有极高能量的激光束是在众多高科技应用的基础上实现的,其输出光束的各种参数以及在整个系统的实验过程中,都需要专门的测量仪器进行准确的测量。激光测距、激光制导、激光预警与对抗、激光雷达和其他各种激光能量武器系统的研究,这些都离不开光学计量。军工新材料的研究需要进行热物性计量。航空、航天器需要进行大力值、动态力、扭矩的计量,离不开力学计量。可见十大类计量是国防科学技术的重要基础和保证。

国防现代化武器装备的科研和生产离不开计量。国防现代化武器装备具有系统庞大复杂,战术技术性能高和质量可靠性要求高,配套协调性强,新工艺、新技术多等特点。不仅要实现常用量的量值统一,还要实现工程量、工程参数的综合测量。要根据武器装备发展的需要,开展预先研究,探索解决一些带有前瞻性、关键性和难度大的重大计量测试课题。在武器装备的方案论证中,需要有针对性地研究计量标准和校准装置,研究新的计量测试技术和测试方法,利用先进的计量技术手段提供支持和保障。在型号试验的计量保障中,需要在短期内对成百上千台各类通用和专用计量测试设备采取应急检校措施,以确保武器装备试验成功。对军工产品的生产必须严把质量关,如航空、航天器中有上万个零部件,混入一个不合格品,就可能造成严重后果,必须保证安装的每个产品都是合格的。我国从 20 世纪 50 年代开始就建立了国防军工计量的管理和技术保障体系,在国防科技工业和武器装备的发展中作出了不可磨灭的贡献。

(八) 计量与文化体育

我国计量的发展史,是中华民族灿烂文化的组成部分。如黄钟律管、西汉铜漏、始皇诏铜权、铜方升、新莽铜嘉量、日晷等,展现了我国古代计量的辉煌成就。在当今社会,文化已形成了一个产业,文化产业已成为国民经济的重要组成部分,形成了文化企业、文化产品、文化市场,文化已成为增强我国国际影响力的重要手段。其中,新闻、图书、报刊、出版是推行国际单位制、贯彻宣传我国法定计量单位的重要阵地;剧院、演艺、音乐、美术、摄影、广播、影视、音像、网络等,涉及声学计量、光学计量、电子学计量、时间频率计量等,随着高新技术在文化领域的应用,如图书、出版、广播、电视数字化的发展,要大量使用音视频编播和网络传输设备及监控测量分析仪表,而这些设备和仪表的性能指标的评定和校准,都要通过计量手段来完成。

体育与计量也密切相关,体育场馆需要对其温度湿度风量采光电磁干扰等进行监控,只有通过先进的计量检测手段和技术,体育器材的设计和生产才能有保证;体育设施、体育竞技需要通过长度计量、质量计量、时间计量等实现严格的测控,如赛程的距离、器材和人体的称重、准确的计时,正是应用了光电测距仪、高精度称重仪器、电子计时器等计量技术,使体育竞赛成绩得到了科学的保证,使裁判的工作更加公平、公正,使比赛更为精彩;在体育训练中,要对运动员身体的机能进行评定,则需进行生理生化的监控和测试;要开展运动员兴奋剂的检测,以确保比赛的公平。计量在文化和体育中具有广泛应用。

（九）计量与人民生活

计量与人民生活息息相关，人民群众的日常生活离不开计量。我们每天一早起来，就要看看时间是几点了。为获得准确的时间，我们经常要用广播电台或电视台发布的标准时间进行调整，实质上这就是在进行时间计量器具的"校准"活动。我们每天都在关心天气预报，看看今天的温度是多少，可以说人们日常生活中的衣食住行都离不开计量。做衣服要用尺量长短；买粮食买菜要称重，购买定量包装商品要注意其量是否准确，做饭用餐要定量；房子的面积要测量，室内环境污染要测量，要用水表、电度表、煤气表对水、电、煤气使用量进行测量并进行结算；坐出租汽车要使用出租汽车里程计价表，汽车司机加油要用燃油加油机等。

随着人民群众生活质量的提高，人们的计量意识也在增强，普遍开始关注个人的身体健康和安全。为了健康，开始定期进行体检，观察各项生化指标是否合格。为了保健，使用人体秤、体温计、血压计、血糖仪等，进行体重、体温、血压、血糖的测量，在生活中控制食盐、食用油的摄入量。北京市政府向居民免费发放标准定量的"小盐勺"（3g、6g）、"小油壶"，要求每人每天食盐少于 6g、食用油少于 25mL，以预防高血压、高血脂、高血糖的发病率。现在人们更为关注的是在日常生活中，食品、空气和水的质量、污染和安全，关注食品中有无农药等残留量，是否经过检测，饮用水是否符合标准要求，室内外环境空气质量是否达标，噪声是否超标，家用电器的电磁波、超声波的影响等。人们已逐步认识到各种量对生活的影响以及准确可靠测量的重要性。可见人人离不开计量，计量无时无刻都在百姓身边，计量只有被广大群众所理解，才会发挥更大的作用。

所以，计量的应用是相当广泛的，计量在国民经济和社会生活中具有十分重要的地位和作用。

第四节　计量人才的培养

计量事业的发展，关键在于如何造就一支有现代化计量技术和管理知识的专业人才队伍。我国的计量专业人才由下列计量技术和管理人员组成：

（1）计量检定／校准人员；

（2）计量测试人员；

（3）计量管理人员；

（4）计量执法人员等。

随着我国社会主义市场经济的发展，上述计量专业人员的数量越来越多，组成一支庞大的计量专业人才队伍。

人才是兴国之本、富民之基、发展之源。要牢固树立人才资源是第一资源的理念，坚持解放思想、解放人才、解放科技生产力,以改革创新精神推进人才队伍建设,以人才发展促进计量事业又好又快发展。要破除论资排辈、求全责备等观念,放开视野选人才,不拘一格用人才。做到人尽其才、才尽其用、用当其时、各展所长。

计量管理,以人为本;具备一支思想素质好,业务技术水平高的计量专业人才队伍是发展我国计量事业的战略任务。

要完成这项战略任务,就要狠抓计量管理人才和技术人才(以下简称为计量专业人才)的教育、培训和管理工作。

一、计量专业人才的素质结构

计量专业人才是指在各级计量管理机构和技术机构从事计量管理、计量监督、计量检定 / 校准和计量测试工作的管理人员和业务技术人员,他们的主要工作任务是:根据我国法律、法规和方针政策,按照本地区、本部门、本单位经济发展和科研工作的需要,组织、协调、监督和管理好计量方面的工作。如制定计量工作规划和计划,贯彻实施计量法律、法规,组织量值传递和计量协作,开展计量监督、计量管理、计量检定 / 校准、计量测试和计量技术交流等。

计量工作要求计量专业人才必须是熟悉计量技术基本知识,并具有较强的组织管理工作能力、政策水平较高的人才。否则,就不可能把计量工作做好。为此,对计量专业人才必须提出一定的素质要求。

具体来说,应在德、智、体等方面提出全面要求。

(1)"德"指计量人员除了具有为人民服务的思想品德外,还要热爱计量事业,正直诚实,有"一切凭数据说话"的实事求是精神,有认真负责,一丝不苟的工作作风,有公正无私、刚正不阿、忠于职守的品格。

(2)"智"就是要有计量技术和计量管理的基础理论知识,要掌握长度、力学、热工、电磁、化学等专业计量技术知识和基本技能,要懂得一些基本的现代管理科学知识,并有一定的组织、管理和协调能力,还要掌握一门外语,有阅读和翻译本专业外文资料的能力。

(3)"体"就是要有健康的体魄,能坚持正常的计量工作。

(一)计量专业技术人才的素质结构

计量专业人才的素质要求和知识结构,可以分为思想品质、文化知识、计量专业知识和管理知识 4 个方面。但对各类计量人才要求是各有侧重的。

计量管理人才不仅要掌握计量管理方面的法律、法规、规章和管理原则、方法等计量管理科学知识,而且还应懂得与计量管理关系较为密切的质量管理、标准化管理、企业管理与系统工程等现代化管理科学知识。作为企事业单位的计量管理人员的计量管理人才还必须熟知该单位的生产技术专业知识与相关的计量专业技术知识。

计量技术人才不仅应掌握所从事的计量专业技术知识,而且还要熟悉计量管理知识,以及有关的专业技术知识。作为企业计量技术人才也应懂得该企业的产品生产和检测技术知识。

（二）各类计量专业人才的资格条件

我国计量专业人才一般可以分为计量监督员、计量检定员、计量师等。现分别介绍其资格条件。

1. 计量监督员

计量监督员是县级以上人民政府计量行政部门任命的，具有专门职能的计量人员，他们在规定的区域内，并在规定的权限内，可以对有违反计量法律法规行为的单位和个人进行现场处罚。

2. 计量检定员

计量检定员是指经考核合格、持有计量检定证件和从事计量检定工作的人员。各类计量检定人员的考核，由国务院计量行政部门统一命题，依据国家计量行政部门2015年9月11日发布的《计量检定人员考核规则》，由有关计量行政部门组织考核，计量检定人员考核的具体内容有计量基础知识、计量专业项目知识和计量检定操作技能三个科目。经考核合格者，由组织考核的政府计量行政部门发给计量检定证书（《计量检定员证》有效期为5年）。

有些专业计量检定员还要增加该专业知识，如卫生行政部门1991年11月4日发布的《电离辐射计量检定员管理规定》明确规定：电离辐射计量检定员必须具备下列条件：

（1）政治思想好；遵纪守法，作风正派，工作认真；

（2）熟悉计量法规和有关技术规范以及计量检定专业知识；

（3）掌握所从事检定项目的操作技能；

（4）具有大专以上或相当学历和中级以上专业技术职称；

（5）从事放射卫生防护或电离辐射检测工作3年以上；

（6）经统一考核合格。

目前，依法设置和依法授权的计量技术机构有计量检定员56198人，其他企、事业单位约有计量检定员10万人。

3. 计量工程师的资格条件

1994年8月4日，国家人事部门和计量行政部门联合发布了《计量标准化和质量专业中、高级技术资格评审条件》对从事下列工作的计量工程技术人员提出了明确的中、高级技术资格评审条件：

（1）计量单位、计量基准、计量标准的研究，计量测试技术研究，国内外计量技术动态和发展研究；

（2）计量检定和测试，新产品定型鉴定；

（3）计量器具、标准物质的研制与开发，检测仪器设备的维修；

（4）计量标准考核，计量认证，计量技术法规的制、修订。

4. 计量标准考评员的资格条件

计量标准考评员是指经省级以上质量技术监督部门培训、考核合格并注册，具有从事计量标准考核资格的人员。

为了加强计量标准考评员的管理，保证计量表考核质量，原国家质量技术监督局于1999年11月17日发布了《计量标准考评员管理规定》。

5. 计量检测体系考评员的资格条件

计量检测体系考评员是经培训并考核合格的有能力实施计量检测体系确认的人员。专门负责计量检测体系的确认。

6. 实验室认可评审员的资格条件

实验室认可评审员是经 CANS 注册，能对申请认可的实验室进行评审的人员，其中能担任评审组长的又为主任评审员。

二、计量专业人才的教育和培训

我国计量专业人才的培训和教育应该采取多层次、多渠道、多形式、理论学习和实践训练相结合的方法，有计划、有步骤、有组织地进行各级计量人员的在职学习培训和脱产正规教育，逐步建立一支既懂计量技术，又善于计量管理的计量专业人才队伍，以不断促进我国计量事业的发展。

（一）我国计量人员的现状

多年来，我国计量事业随着经济建设的发展，获得了较快的发展。

据国家计量行政部门统计：

2022 年全国计量行政部门已有 3082 个，法定计量技术机构 708 个。县级以上计量行政机构中，具有大专以上文化程度的人员占 83.13%，计量事业机构人数达 22441 人；具有高、中级职称人员占技术机构职工总数的 39.52%。

今后随着我国经济体制的改革深入，广大企业逐步走上质量效益型道路，各级计量人员尤其是工商企业的计量人员还会有更大的增加，而且计量管理人员数量的增长，大体上为计量技术人员增长量的 1/4 左右。

但是我国计量专业技术和管理人员队伍仍明显地存在着计量专业人才缺乏、队伍素质仍较低的情况，因此仍需要进行大规模、多层次、多形式的教育和培训，以适应我国计量事业和现代化建设事业的需要。

（二）计量专业人才的教育和培训

1. 计量专业学历教育

目前,我国各类计量技术和检定/测试人员大多数来自计量专业学历教育,如:

中国计量科学研究院招收的计量专业硕士研究生教育;

中国计量大学等高等院校开设的测控技术与仪器专业的本科、硕士学历教育;一高职、中专甚至中等技工学校举办的计量测试等专业及工种的大、中专学历教育。

2. 计量专业人才的职业资格教育

我国对计量检定员、计量标准考评员、实验室认可评审员等各计量专业人才实行计量专业职业资格教育。他们均应经过国家计量行政部门或其授权的职业鉴定机构统一组织培训,统一命题考试/考核,获得合格证书后,方可从事相关计量专业技术与管理工作。

2006 年 6 月 1 日起,我国正式实施注册计量师制度。人事部和国家质量监督检验检疫总局已联合发布了《关于印发〈注册计量师制度暂行规定〉〈注册计量师资格考试实施办法〉和〈注册计量师资格考核认定办法〉的通知》。

《注册计量师制度暂行规定》(2013 年修订)共 5 章 35 条,包括总则、注册条件、注册程序、监督管理、附则等内容。根据《规定》从事计量检定、校准、检验、测试等计量技术工作的专业技术人员,实行职业准入制度,纳入全国专业技术人员职业资格证书制度统一规划。注册计量师资格实行全国统一大纲、统一命题的考试制度。《注册计量师资格考试实施办法》和《注册计量师资格考核认定办法》是对《规定》的补充和完善。

注册计量师分为一级注册计量师和二级注册计量师其资格考试报名条件考试课程、资格考核认定条件、具备执业能力、权利和义务。

3. 计量专业人才的继续教育

为了不断提高计量专业技术与管理人员的业务水平和能力,由高等院校、计量学会/协会、培训进修机构及有关企事业单位采用下列形式进行计量方面的继续教育:

（1）计量专业学术/技术研讨/交流活动;

（2）计量类专题培训/进修班;

（3）计量检定/标准方面的标准、规程/规范宣贯。

4. 计量专业人才的教育和培训方法

计量人员的培训和教育方法是灵活多变的,可以因人因地制宜采用。但根本的方法应该是理论联系实际的方法。

目前,为了切实做好计量人员的培训和教育工作,需要重点解决和注意下列 8 个方面的问题。

（1）组织编写科学、系统而又实用的计量教材。

（2）结合计量人员特点和需要,组织编写一套起点适当、循序渐进、理论正确、实用有效的计量教材(包括教学大纲、教材教学参考资料、教学进度表等),搞好教材基本建设。

（3）采用师生互动，教学相成的培训和教育方法。

（4）无论是计量专业学历教育还是举办计量人员学习班，或是计量函授培训，由于学员一般都来自计量工作第一线，具有一定的计量工作实践经验，所以应采取教学相成，共同讨论的教学方法，以收到良好的教学效果。

（5）联系实际，学用结合着重培养独立工作能力。

（6）由于计量工作实践性特别强，必须采取各种方法．如邀请有实践经验的计量管理干部和技术干部上课或作学术报告，甚至可以让有实践经验的学员上台讲解。此外，还可安排一些专题讲座，以开阔学员事业，吸取新鲜知识。直接从高（初）中入学的计量本科，大、中专学生更应在学习期间深入计量工作实践，多做实验和实际操作，多深入计量机构见习，以培养一定的独立工作能力。

（7）认真安排毕业设计和实习。

（8）为了进一步培养学员的组织管理能力和工作才能，应该在毕业（结业）前安排一定时间的毕业设计或实习。结合实际，进行地区、部门和企业计量系统的设计，写出设计总结和论文，并认真进行答辩。

三、计量专业人才的注册和管理

计量人才的注册和管理，主要是做好计量人才的合理使用，考核晋升、奖罚等工作。由于计量工作业务技术性强，要求人员稳定，因此，加强计量人才的注册和管理就更加重要。

（一）注册发证

目前，我国计量行政部门对计量专业人才实行职业资格注册制度。专业技术人员职业资格是对从事某一职业所必备的学识、技术和能力的基本要求，职业资格包括从业资格和执业资格。从业资格是政府规定专业技术人员从事某种专业技术性工作的学识、技术和能力的起点标准；执业资格是政府对某些责任较大，社会通用性强，关系公共利益的专业技术工作实行的准入控制，是专业技术人员依法独立开业或独立从事某种专业技术工作学识、技术和能力的必备标准。

如计量检定员的注册申请人应在符合下列 4 项条件后向计量行政部门提交申请表及身份证、学历证明等材料复印件。

（1）具有中专（含高中）或相当于中专（含高中）毕业以上文化程度；

（2）连续从事计量专业技术工作满 1 年，并具备 6 个月以上本项目工作经历；

（3）具备相应的计量法律法规以及计量专业知识；

（4）熟练掌握所从事项目的计量检定规程等有关知识和操作技能；

（5）经有关组织机构依照计量检定员考核规则等要求考核合格。

又如注册计量师，是指经考试取得相应级别注册计量师资格证书，并依法注册后，从事规定范围计量技术工作的专业技术人员。为加强计量专业技术人员管理，提高计量专业技术人员素质,保障国家量值传递的准确可靠,人事部和国家质检总局联合下发了《注册计量师制度暂行规定》(2013 年修订);从 2006 年起,我国从事计量检定、校准、检验、测试等计量技术工作的专业技术人员实施注册计量师这一资格制度。我国注册计量师分一级注册计量师和二级注册计量师。

(二)合理使用

人才的管理,首先应有合理的人才结构或能级结构,各级计量机构的能级结构是个值得研究和探讨的课题。

根据我国现代化建设和计量事业的发展需要,各级政府计量行政部门和主要企业的计量人员中,应合理设置高、中、初级专业技术职务的比例。

合理使用,首先就是要根据实际需要配备相应的各类计量管理干部和技术人员。配备时要遵循以下两个原则:

1. 内行原则

就是说,计量人员必须是对他们管理或从事的那一部分计量工作是懂行的。

2. 适才适用原则

就是说任何人都各有所长也各有所短,不可能十全十美,完美无缺。使用时,就应用其所长,避其所短,做到适才适职,人尽其才。

其基本方法有:

(1)设岗合理

应按实际情况,合理确定工作流程与划分岗位。

(2)职能相称

即指人的能力、水平等与所任职务或从事的岗位相适应。现代管理学中的"能级原理"指出,管理岗位有层次,能级之分,人的才能也有层次、类型之别。人的能力,水平与所任的职务、岗位相一致,工作起来才得心应手,才能充分施展才华。

(3)唯才所宜

根据每个人的特点安排在合理的岗位上,使其长处充分发挥,短处也不妨碍工作,这也可以称为用长避短。使职工在工作上取得成就与满足,除其长处需与所任职务相配合外,还需顾及其性格、智力、特点与体能与所任的职务相符合,如只注意其长处与职务的配合,而疏忽其他条件与职务的相当,则无法获得成就与满足。

(4)情感吸引

在其他条件相同的情况下,只干自己感兴趣的工作,其效率比干不感兴趣的工作效率要高。应根据实际需要对职工所选工种确实是可以发挥其特点和作用的,在工作变动时尽可能满足其要求,以尽可能挖掘职工潜在的能力。

（5）敢用能人

应着眼大局，辩证地看待人的历史和优缺点，力排众议，敢用人才。列宁说："人们缺点多半是同人们的优点相联系的。"敢用能人，还要敢于用强于自己的人，这就必须去掉私心，以事业为重，具有包容性，而不能武大郎开店，专用比自己短的人。

（6）授权信任

用人的关键在于信赖，这件事至关重要；应该信任用的人，授予他相应的权力，充分发挥他的主观能动性和创造性。如果对其处处设防，反而会损害事业的发展。倘若对下级这也限制，那也约束，他们在工作中畏首畏尾，那么，本来出类拔萃的人才也会变成庸才。

（7）善于激励

激励方式会因人、因事、因时不同，但有一些共同的激励方法。如金钱激励、目标激励、尊重激励、培训激励、荣誉激励、晋升激励等，正面的激励作用远大于负面的激励，所以要以正面的激励为主，也要适当的约束人。

（8）合理搭配

各种不同的人有机地组合起来，形成合理的群体结构；在人员构成上必须考虑以下几方面的结构。即知识结构、专业结构、智能结构、性别结构、年龄结构和性格结构，建立合理的群体结构，能使每个人在总体协调下释放出最大的能量，是合理使用人的一个重要方面，也是用人的一项重要艺术。

（9）双向选择

社会主义市场经济和经济全球化，都要求人才的全面流动和自主择业；允许人才在全社会范围内的合理流动，使社会合理地使用人才；另一方面，作为劳动者个人，也有了自主择业的自由，可以选择最适合自己的岗位。

（10）权责相当

在拥有用人权的同时，也要承担相应的责任，杜绝买官卖官，任人唯亲，排斥异己的现象。

合理地使用人，是一个永恒而重要的话题，任何一个单位和组织，只有真正做到人尽其才，才可能实现自我的目标。

（三）认真考核

计量人员的考核方法可以是多种多样的，但主要还是评审法。就是在同级计量人员中进行分析比较，根据统一的考核标准，对其品德、才能和知识、工作成绩进行综合性评价。具体来说，考核内容有以下4个方面：

1. 工作贡献

主要是在计量工作中的工作业绩和实际效果。

2. 技术水平

主要是指专业基础知识水平、计量专业技术水平、外语程度、计量方面论文、专著发表情况等。

3. 业务能力

主要指计量业务工作中的创造思维能力、调查研究和系统设计能力、计划和决策能力、解决实际问题的能力、组织和管理能力,以及其口头或文字表达能力等。

4. 工作态度

主要指工作中勤奋程度、工作热情、负责态度等。

对上述四个方面的考核内容,可以采取评分法进行考核。即把每项内容分解成若干条具体内容,对每项具体内容分成几个分数等级,制定其工作标准,然后由评审考核部门对每项对比评分。在分数分配上应以工作贡献为主。

近年来,运用现在科学管理发展起来一种新的人事管理科学方法 —— 人员素质评测工程,也完全适用于计量人员的考核。

而对各级政府计量行政部门的计量管理干部,则将采用公务员的考核方法。

第二章 量和计量单位

第一节 量的基本概念

一、量的定义

自然科学的任务在于探索物质运动的规律,那么"量"就是阐述运动规律的一个十分重要的基本概念。JJF 1001—2011《通用计量术语及定义》中量的定义是:"现象、物体或物质的特性,其大小可用一个数和一个参照对象表示。"在其注释中又讲"参照对象可以是一个测量单位、测量程序、标准物质或其组合"。

计量学中的技是指可以测量的量,这种量可以是广义的(一般概念的)如长度质量(重量)、温度、电流、时间等。也可以是特指的,即特定的,如一个人的身高、一辆汽车的自重、某一天气温等。在计量学中,把宽度、厚度、周长、波长等称为同一类量,可以相互直接进行比较的量,称为同种量,如不同人的身高可相互进行比较,不同日期的气温可以相互比较等。从量的定义,被研究的对象可以是自然现象,也可以是物质本身,它包含两重意义,一方面人们通常理解域的具体意义是指它的大小、轻重、长短等;但另一方面从广义的角度可理解为现象、物体和物质的特性区别,如长度和重量是不同性质的量。所以,量必须可以定性区别,而又能定量确定,这是现象、物体和物质的一种属性。

量从概念上一般可以分为物理量、化学量、生物量等,按其在计量学中的地位和作用,可以有不同的分类方法。一种可以分为基本量和导出量,"在给定量制中约定选取的一组不能用其他量表示的量"称为基本量,这些量相互之间独立,如国际单位制中基本量有7个,即长度、质量、时间、电流、热力学温度、物质的最和发光强度。量制中由基本量定义的量称为导出最,如运动速度是长度除以时间,力是质量乘以加速度,而加速度是速度除以时间,所以也是导出量。量还可以分为被测量和影响量,拟测量的量称为被测量,也可定义为受到测量的量,有时又称待测量。在直接测量中不影响实际被测的量,但会影响示值与测量结果之间关系的量称为影响量,如在长度测量中,温度的不同或变化都会给测量结果带来影响。按照被计量的对象是否具有能量，量还可以分为有源量和无源量。被计量的对象本身具有一定的能量，称为有源量，如温度、力、照度等，所以观察者无须为计量中的信号提供外加能源。若被计量的对象本身没有能量，就称为无源量，如长度、材料特性的硬度等。

　　自然界中的量特别多，怎样来表示呢？可用符号来表示，称为量的符号。通常是用单个拉丁字母或希腊字母，有时带有下脚标（以下简称"下标"）或其他的说明性标记。书写时，量的符号都必须用斜体，符号后面不加圆点，如长度（l、L）、量（Q）、力（F）、电流（I）等。如果在某些情况下，不同的量有相同的符号或是对一个量有不同的应用或要表示不同的值时，可采用下标予以区分。其原则是，表示物理量符号的下标用斜体表示，如 C_p（p 为压力）、I_λ（λ 为波长）等。其他下标用正体表示：如 E_k（k 为动的）、G_n（n 为标准）等。用作下标的数应当用正体表示，如 $T_{1/2}$ 等。下标表示数的字母等符号一般都应用斜体表示，如如 δ_{ik}（i、k 为连续数，均为斜体）。

　　人类为了生存和发展，想方设法去认识和了解自然界，因为自然界的一切事物都是由一定量组成的，也是通过量体现的。为了探索宇宙中星球的奥秘，一些国家在研制各种航天器和人造卫星，去探测地球以外星球上存在什么物质，可供人们利用。探索中就必须对量进行测量、分析和研究，分清量的性质，确定量的大小。计量就是为达到这一目的而使用的重要手段，所以计量是对量的定性分析和定最确定的过程。

二、量值

　　量的大小可以用量值来表示，用数值和参照对象一起表示的量的大小称为量值，即量值的大小可以用一个数乘一个参照对象来表示。参照对象可以是测量单位、测量程序、标准物质或其组合，例如参照对象为测量单位，某物体的质量为 15 kg、某导线的长度 110 cm 等。参照对象为测量程序，如某钢材的硬度为 58.6 HRC（150 kg）。

　　量可以表示为

$$A=\{A\}\cdot[A]$$

　　式中 A——量的符号；
　　{A}——用计量单位 [A] 表示量 A 的数值；
　　[A]——量 A 所选用的计量单位。

　　在使用相同计量单位的条件下，数值大表示量大，数值小表示量小。一般情况下，量的大小并不随所用计量单位而变化，即一个量的量值大小与所选择的计量单位无关，变化的只是数值和单位，如，某棒的长度为 15 cm，也可以用 150 mm 来表示它。一个量的大小，由于选择计量单位不同，其对应的数值也不相同，但这个量的量值是不变的。量值是由数值和计量单位（参照对象）两部分组成的，表达时，选用的计量单位大小要合适，一般应使量的数值处于 0.1 ~ 1 000 范围内，例如：0.003 65 m 可以写成 3.65 mm；3.7×10⁴ kg 可以写成 37 t。当量值中数值为 0 时，如电流 I 为 0 时，有两种表示方法，即 I=0 或 I=0 A，一般认为前者较为简明。当量值表示为一个范围时，要注意计最单位的正确表达，如今天的气温为12℃～17℃，或（12～17）℃，而不能表示为12～17℃。因为前者是数值，后者是量值，它们不能等同。最和量值是计量学中最基本的概念，保证量值的准确可靠是计量工作的核心之一。了解量和量值、量的符号及表示、量值的正确表达有助于做好计量工作。

三、量制与量纲

量制：彼此间存在确定关系的一组量，即在特定科学领域中的基本城和相应导出量的特定组合。一个量制可以有不同的单位制。

量纲：以给定量制中基本量的带的乘积表示该量制中某量的表达式，其数字系数为1，1，dimQ=$L^{\alpha} M^{\beta} T^{\gamma} I^{\delta} \Theta^{\varepsilon} N^{\zeta} J^{\eta}$。长度的量纲为L，速度为$LT^{1}$，力为$L^{-1}MT^{-2}$动能和功都为$L^{2}MT^{-2}$。同种量的量纲一定相同，相同量纲的量却不一定是同种量。

第二节 单位和单位制

一、单位

计量单位是为定量表示同种量的大小而约定的定义和采用的特定量，可简称为"单位"。计量单位是共同约定的一个特定参考量。约定采用的数值等于1的特定量，计量单位可简称为单位可这样理解，单位是用于定量表达同类量大小的一个参考量。当选用的单位即参考量不同时，量的数值也有所不同。换言之，代的大小与单位无关，相同的量改变的只是所采用的计量单位和数值。

根据约定赋予计量单位的名称和符号，"表示测量单位的约定符号"称为计量单位符号，每一个计量单位都有规定的代表符号。为了方便世界各国统一使用，国际计量大会对计量单位符号有统一的规定，把它称为国际符号，如SI中，长度计量单位米的符号为m，力的计量单位牛〔顿〕的符号为N。我国选定的非SI质ht单位吨的符号为t，平面角单位度的符号为（°）等。计量单位的符号有国际符号和中文符号，中文符号通常由单位的中文名称的简称构成，如电压单位的中文名称是伏特，简称伏，则电压单位的中文符号就是伏。若单位的中文名称没有简称，单位的中文符号只能用全称，如摄氏温度单位的中文符号为摄氏度，不能为度，因为度是我国选定的非SI平面角的计量单位。若单位是由中文名称和词头构成，则单位的中文符号应包括词头，如压力单位带词头的中文符号为千帕、兆帕等。同一个量可以用不同的计量单位表示，但无论何种量其量的大小与所选用的计量单位无关，即一个量的量值大小不随计量单位的改变而改变，而域值因计量单位选择不同而表现形式各异。如，某杆的长度为1.5 m，也可表示为15 dm或150 cm或150 mm；某物的重量为0.5 kg，也可表示为500 g。计量单位通常可分为基本单位和导出单位。"对于基本量,约定采用的测量单位"称为基本单位,如 SI 中,基本单位有 7 个,如米(长度)、千克(质量)等。在给定量制中,基本量约定认为彼此独立,但相对应的基本单位并不都彼此独立,如长度是独立的基本量,但其新的单位(米)定义中,却包含了时间基本单位秒,所以在现代计量学中,一般不再将基本单位称为独立单位。"导出量的测量单位"称为导出单位,如 SI 中速度单位米每秒(m/s)、力的单位牛(N=kg·m·s^{-2})等。导出单位可由多种形式构成:由基本单位和基本单位组成,如速度单位米 / 秒;由基本单位和导出单位组成,如力的单位牛为千克·米·秒$^{-2}$,其中米·秒$^{-2}$是加速度单位,为导出单位;由基本单位和具有专门名称的导出单位组成,如功和热量的单位焦耳为牛·米,其中牛为具有专门名称的导出单位。

对于给定量制和选定的一组基本单位,由比例因子为 1 的基本单位的幂的乘积表示的导出单位称为一贯导出单位,其中基本单位的幂是按指数增长的基本单位,一贯性仅取决于特定的量制和一组给定的基本单位,如 SI 中的速度单位为 m/s、压力单位为 m^{-1}·kg·s^{-2}(帕)等。一贯单位与所给定的量制和选定的一组基本单位有关,所以导出单位可以对一个单位制是一贯性的,而对另一个单位制就不是一贯性的,如厘米每秒是 CGS(厘米·克·秒)单位制中的一贯导出单位,但在 SI 中就不是一贯导出单位。

合理地表达一个量的大小,仅使用一个基本单位显然很不方便,为此,1960 年第十一届国际计量大会对 SI 构成中的十进倍数和分数单位进行了命名。给定测量单位乘以大于 1 的整数得到的测量单位称为倍数单位;给定测量单位除以大于 1 的整数得到的测量单位称为分数单位。它们是在基本单位和一贯导出单位前加一个符号,使它成为一个新的计量单位。加上的符号称为词头,用 10 的指数表示,10^3 为 k(千)、10^6 为 M(兆)、10^{-3} 为 m(毫)、10^{-6} 为 μ(微)等。

二、单位制

选定的基本量及由其构成的导出量合起来就成为一个量制。基本量选择不同,也就有不同的量制。对于给定量制的一组基本单位、导出单位、其倍数单位和分数单位及使用这些单位的规则称为计量单位制,简称单位制,如 SI、CGS 单位制、MKS(米·千克·秒)单位制等。在给定量制中,每一个导出量的测量单位均为一贯导出单位的单位制称为一贯单位制,如 SI。不属于给定单位制的计量单位称为制外单位。在我国法定计量单位中,国家选定的非国际单位制单位的质量单位吨(t)、体积单位升(L)、土地面积公顷(hm^2)等对 SI 来讲就是制外单位。

第三节 国际单位制

一、国际单位制的形成

计量单位制的形成和发展，与科学技术的进步，经济和社会的发展、国际间的贸易发展和科技交流，以及人们生活等紧密相关。米制是国际上最早建立的一种计量单位制，早在十七世纪，计量单位和计量制度比较混乱，影响了国际贸易的开展、经济的发展及科技的交流，人们迫切希望科学家们探索研究一种新的，通用的、适合所有国家的计量单位和计量制度。于是在 1791 年经法国科学院的推荐，法国国民代表大会确定了以长度单位米为基本单位的计量制度，规定了面积的单位为平方米，体积的单位为立方米。同时给质量单位作了定义，采用 1 立方分米的水在其密度最大时的温度（4℃）下的质量。因为这种计量制度是以米为基础，所以把它称为米制。为了进一步统一世界的计量制度，1869 年法国政府邀请一些国家派代表到巴黎召开"国际米制委员会"会议。1875 年 3 月 1 日，法国政府又召集了有 20 个国家的政府代表与科学家参加的"米制外交会议"，并于 1875 年 5 月 20 日由 17 个国家的代表签署了《米制公约》，为米制的传播和发展奠定了国际基础。由各签字国的代表组成的国际计量大会（CGPM）是"米制公约"的最高组织形式，下设国际计量委员会（CIPM），其常设机构为国际计量局（BIPM）。1889 年召开了第一届国际计量大会。我国于 1977 年加入"米制公约"。

1948 年召开的第九届国际计量大会作出决定，要求国际计量委员会创立一种简单而科学的且供所有"米制公约"成员国都能使用的实用单位制。1954 年，第十届国际计量大会决定采用米、千克，秒、安培，开尔文和坎德拉作为基本单位。1958 年，国际计量委员会又通过了关于单位制中单位名称的符号和构成倍数单位和分数单位的词头的建议。1960 年召开的第十一届国际计量大会决定把上述计量单位制命名为"国际单位制"，并规定其国际符号为"SI"。1971 年召开的第十四届国际计量大会决定增加物质的量的单位摩尔作为基本单位。从 1975 年第十五届国际计量大会到 1991 年第十九届国际计量大会，先后决定增加放射性计量的 2 个具有专门名称的导出单位贝可勒尔和戈瑞，同时又增加了 4 个词头，即 10^{-24}，10^{-21}，10^{21} 和 10^{24}，从而形成了一个较为完整的计量单位制体系 —— 国际单位制。随着科技，经济和社会的发展，国际单位制还会进一步得到充实和完善。

二、国际单位制及其单位

中华人民共和国成立前，我国多种单位制并用，如米制（公制），市制、英制等。1959 年国务院发布了《关于统一计量制度的命令》，确定米制为我国计量制度。国际单位制形成后，我国对推行国际单位制很重视，1977 年国务院颁布的《计量管理条例（试行）》第三条规定："我国的基本计量制度是米制（即'公制'），逐步采用国际单位制"。1978 年国务院又批准成立了由 20 人组成的"国际单位制推行委员会",负责组织全国性的国际单位制推行工作。为了保证国家计量制度的统一,1985 年我国颁布的《计量法》第三条规定:"国家采用国际单位制"。什么是国际单位制?JJF 1001—2011《通用计量术语及定义》中讲,"由国际计量大会(CGPM)批准采用的基于国际量制的单位制,包括单位名称和符号,词头名称和符号及其使用规则"称为国际单位制。其中的国际量制是指与联系各量的方程一起作为国际单位制基础的量制,而量方程是指给定量制中各量之间的数学关系,它与测量单位无关。它是以符号表示量之间关系的公式,如 $F=ma$,就是反映力与质量和加速度之间关系的量方程,它不同于单位方程。单位方程是指"基本单位、一贯导出单位或其他测量单位间的数学关系",如果 $J=kg\ m^2\cdot s^{-2}$,它反映功(能量)的单位与长度单位,质量单位和时间单位之间关系的单位方程。国际单位制的单位由两部分组成,即 SI 单位和 SI 单位的倍数单位。SI 单位的倍数单位包括 SI 单位的十进倍数和分数单位。7 个 SI 基本单位是:长度单位米(m),质量单位千克(kg),时间单位秒(s),电流单位安(A);热力学温度单位开(K)、物质的量单位摩尔(mol)和发光强度单位坎德拉(cd)。对每一个 SI 基本单位都作了严格的定义,如米的定义是:"光在真空中于 1/299 792458 s 的时间间隔内所经路径的长度。"国际单位制的导出单位由两部分组成,一部分是包括 SI 辅助单位在内的具有专门名称的 SI 导出单位(共 21 个)。由于导出单位中有的单位名称太长,读写都不方便,所以国际计量大会决定对常用的 19 个 SI 导出单位给予专门名称,这些具有专门名称的导出单位绝大多数都是以科学家的名字命名的,如力的单位 $kg\cdot m\cdot s^{-2}$ 称为牛(N)。1984 年我国公布法定计量单位时,将平面角弧度(rad)和立体角球面度(sr)称为 SI 辅助单位。1990 年,国际计量委员会规定它们是具有专门名称的 SI 导出单位的一部分。国家标准 GB 3100—1993《国际单位制及其应用》中已将平面角弧度和立体角球面度列入具有专门名称的 SI 导出单位。用 SI 基本单位或 SI 基本单位和具有专门名称的 SI 导出单位的组合通过相乘或相除构成的但没有专门名称的 SI 导出单位,称为组合形式的 SI 导出单位。这类单位很多,如加速度单位 $m\cdot s^{-2}$,面积单位 m^3,电场强度单位 V/m 等。SI 单位的倍数单位是由 SI 词头加在 SI 基本单位或 SI 导出单位前面所构成的单位,如千米(km),毫伏(mV)等,但千克(kg)除外。国际单位制中 SI 词头有 20 个,从 $10^{-24} \sim 10^{24}$,其中 4 个是十进位的,即 10^2 为百(h),10^1 为十(da),10^{-1} 为分(d)和 10^{-2} 为厘(c),其余 16 个词头都是千进位,如兆帕(MPa)、微安(uA)等。词头的符号有国际通用符号和中文符号,如 10^3 国际符号为 k,中文符号为千;10^6 为 M(兆);10^{-3} 为 m(毫);10^{-6} 为 μ(微)等。具有专门名称的 SI 导出单位和 SI 词头可以查阅有关资料。

三、国际单位制的特点

国际单位制能广泛被应用,主要是由于它具有以下特点:

①具有统一性。它包括力学,热学、电磁学、光学、声学、物理化学、固体物理学、分子和原子物理学等各理论科学和各科学技术领域的计量单位,并将科学技术、工业生产,

国内外贸易及日常生活中所使用的计量单位都统一在一个计量单位制中,坚持一个单位只有一个名称和一个国际符号的原则。

②具有简明性。它取消了相当数量的烦琐的制外单位,简化了物理定律的表示形式和计算手续,省去了很多不同单位制之间的单位换算。由于其是一种十进制单位,贯彻了一贯性原则,使它显得简单明了,方便使用。

③具有实用性。SI 基本单位和大多数 SI 导出单位的大小都很实用,而且其中大部分已经得到了广泛使用,如 A(安),J(焦)等。由 SI 词头构成的十进倍数单位,可以使单位大小在很大范围内调整。

④具有合理性。国际单位制坚持"一个量对应一个 SI 一贯制导出单位"的原则,避免了多种单位制和单位的并用及换算,消除了许多不合理甚至是矛盾的现象,如用焦耳代替了尔格、大卡、瓦特小时等,避免了同类量具有不同的量纲的矛盾。

⑤具有科学性。国际单位制的单位是根据科学实验所证实的物理定律严格定义的,它明确和澄清了很多物理量与单位的概念,并废弃了一些旧的不科学的习惯概念、名称和用法,如把千克(俗称公斤)既作为质量单位,又作为重力单位,质量与重力是两个性质完全不同的物理量。

⑥具有精确性。7 个 SI 基本单位都能以当代科学技术所能达到的最高准确度来复现和保存。目前,我国长度计量单位米复现不确定度为 $2×10^{-11}$m,时间秒复现不确定度为 $5×10^{-16}$s 等。

⑦具有继承性。国际单位 7 个 SI 基本单位中有 6 个是米制原来所采用的,它克服了米制的不足,但又继承了米制的优点。它是建立在米制基础上的单位制,所以称它为现代米制。

除上述优点外,国际单位制还具有通用性强、比较稳定等特点,因此被国际上许多国家、国际性科学组织和经济组织所采用。

四、法定计量单位与应用

1. 什么是法定计量单位

1984 年 2 月 27 日,国务院发布《关于在我国统一实行法定计量单位的命令》,内容要求:"我国的计量单位一律采用《中华人民共和国法定计量单位》";"我国目前在人民生活中采用的市制计量单位,可以延续使用到 1990 年,1990 年年底以前要完成向国家法定计量单位的过渡"同时强调"计量单位的改革是一项涉及各行各业和广大人民群众的事,各地区、各部门务必充分重视,制定积极稳妥的实施计划,保证顺利完成"。什么是法定计量单位,JJF 1001—2011《通用计量术语及定义》中解释为"国家法律、法规规定使用的测量单位"也就是国家法律承认,具有法定地位的允许在全国范围内统一使用的计量单位。一个国家有一个国家的法定计量单位,在这个国家,任何地区、部门、单位和个人都必须毫无例外的遵照执行。以法律或法令的形式统一计量单位制度,是古今中外普遍采取的做法,世界上许多国家也都把统一计量单位制度作为基本国策,有的还载入了国家宪法。一个国家颁布统一采用计量单位时,无论是否冠以"法定"的名称,其实质上已经成为法定计量单位。

2. 我国法定计量单位的内容

我国的法定计量单位是以国际单位制为基础,同时选用一些符合我国国情的非国际单位制单位所构成的。

我国选定作为法定单位的非国际单位制单位共 15 个。这 15 个单位中,既有国际计量委员会允许在国际上保留的单位。如时间、平面角单位,质量单位吨,体积单位升等,也有我国根据我国具体情况自行选定的单位。如旋转速度单位 r/min,线密度单位 tex 就是我国工程技术界和纺织工业界广泛使用的计量单位。

我国法定计量单位完全以国际单位制为基础,因此具有国际单位制的所有优点,并具有国际性,有利于我国与世界各国的科技、文化交流和经济贸易往来。同时又结合我用具体实际,以国家法令形式发布,后来又写入《中华人民共和国计量法》,具有高度的权威性和法规性,有利于全国各地迅速采用。同时还具有中国特色,如 16 个词头名称中有 8 个中文名称,即兆 (10^6)、千 (10^3)、百 (10^2)、十 (10),分 (10^{-1})、厘 (10^{-2})、毫 (10^{-3})、微 (10^{-9}) 与国际上定名不同。这是继承我国几千年来科技文化传统,考虑我国人民群众使用习惯而定名的,既通俗易懂,又方便使用。

第四节 我国的法定计量单位与使用规则

一、我国的法定计量单位

计量单位是为定量表示同种量的大小而约定的定义和采用的特定量,人们为了生活生产、贸易往来、科学研究的方便选择计量单位,不同地区、不同民族、不同国家对同一个量选用的计量单位有所不同,每个国家选择使用什么计量单位是一个国家的主权。我国以国家法令的形式把允许使用的计量单位统一起来,要求在我国境内各个地区、各个领域、各个行业都按照统一规定使用法定计量单位的管理方式,叫实施法定计量单位制度。

法定计量单位是指"国家法律、法规规定使用的测量单位"。1959 年国务院发布了统一计量制度的命令,确定以米制为基本计量制度,并公布了一批统一米制计量单位中文名称的方案。1977 年 5 月 27 日国务院颁发了《中华人民共和国计量管理条例(试行)》,重申我国的基本计量制度是米制,逐步要采用国际单位制。1978 年 8 月我国设立了"国际单位制办公室",负责推行国际单位制。1981 年 4 月 7 日,国际单位制推行委员会正式颁发《中华人民共和国计量单位名称和符号方案(试行)》。1984 年 2 月 27 日国务院发布了《关于在我国统一实行法定计量单位的命令》,这样就产生了我国的法定计量单位。

我国的法定计量单位以国际单位制为基础,同时选用了一些符合我国国情的非国际单位制单位共同构成国际单位制是在米制基础上发展起来的,而我国法定计量单位是以国际单位制为基础的,也可以说我国的法定计量单位是由米制发展而来的。

我国的法定计量单位(以下简称法定单位)包括:

(1)国际单位制(SI)的基本单位;

(2)国际单位制(SI)中具有专门名称的包括辅助单位在内的导出单位;

(3)国家选定的非国际单位制单位;

(4)由以上单位构成的组合形式的单位;

(5)由词头和以上单位所构成的倍数单位。

二、国家计量检定系统表、计量检定规程和计量技术规范

我国计量技术法规包括国家计量检定系统表、计量检定规程和计量技术规范。它们是正确进行量值传递、量值溯源,确保计量基准、计量标准所测出的量值准确可靠,以及实施计量法制管理的重要手段和条件。

(一)国家计量检定系统表

国家计量检定系统表是国家对量值传递的程序做出的法定性技术文件。计量检定系统表只有国家计量检定系统表一种,它由国务院计量行政部门组织制定、修订,由建立计量基准的单位负责起草。一项国家计量基准基本上对应一个计量检定系统表。它反映了我国科学计量和法制计量的水平。其采用框图结合文字的形式,规定了国家计量基准的主要计量特性、从计量基准通过计量标准向工作计量器具进行量值传递的程序和方法、计量标准复现和保存量值的不确定度以及工作计量器具的最大允许误差等信息。

制定国家计量检定系统表的目的在于把实际用于测量工作的计量器具的量值和国家计量基准所复现的单位量值联系起来,以保证工作计量器具应具备的准确度。国家计量检定系统表所提供的检定途径应是科学、合理、经济的。

(二)计量检定规程

计量检定规程是为评定计量器具特性,规定了计量性能、法制计量控制要求、检定条件和检定方法以及检定周期等内容,并对计量器具作出合格与否判定的计量技术法规。

检定规程包括适用范围、检定项目、检定条件、检定方法、检定周期及附录等。

计量检定规程分为三类:国家计量检定规程、部门计量检定规程和地方计量检定规程。

国家计量检定规程是由国务院计量行政部门组织制定的内容涵盖了适用范围、计量性能要求、通用技术要求、检定条件、检定项目、检定方法、检定结果处理及检定周期等。

对于还未有国家计量检定规程的计量器具,一方面国务院有关部门或行业可依据相关计量法规制定适用于本部门的部门计量检定规程。

省级质量技术监督部门也可依据相关计量法规制定适应于本地区的地方计量检定规程。

需注意的是，在相应的国家计量检定规程实施后，部门计量检定规程和地方计量检定规程即行废止。

（三）计量技术规范

计量技术规范是指国家计量检定系统表和计量检定规程所不能包含的，在计量技术工作中具有综合性、基础性并涉及计量管理的技术文件和用于计量校准的技术规范。

计量技术规范由国务院计量行政部门组织制定。其分为通用计量技术规划和专业计量技术规划。

通用计量技术规范大多用于通用的、基础的计量监督管理活动。通用计量技术规划包括：①通用计量名词术语及各计量专业的名词术语；②计量技术法规编写规则；③计量保证方案；④测量不确定度评定与表示；⑤计量检测体系确认；⑥测量仪器特性评定；⑦计量比对等。

专用计量技术规范则包含了各专业的计量校准规范、某些特定计量特性的测量方法、测量装置试验方法等。如《用能产品能源效率标识计量检测规则》《房间空气调节器能源效率标识计量检测规则》和《家用电磁灶能源效率标识计量检测规则》等一批专用计量技术规范的制定推动了能源计量的开展。

三、计量检定遵循的原则

根据《计量法》及相关法规和规章的规定，实施计量检定应遵循的原则包括：

①计量检定活动必须受国家计量法律、法规和规章的约束，按照经济合理的原则、就地就近进行。

例如：某地设备需进行检定，虽在行政划分上是属于 A 省，但是其距离 B 省计量技术机构较近，可以选择去 B 省计量技术机构进行相关设备的送检工作。

②从计量基准到各级计量标准直到工作计量器具的检定，必须按照国家计量检定系统表的要求进行。

③对计量器具的计量性能、检定项目、检定条件、鉴定方法、检定周期以及检定数据的处理等，必须执行计量检定规程。

例如：对客户送检的单相预付费电能表进行检定时，需按照 JJG 1099—2014《预付费交流电能表》检定规程的要求，逐项进行检定，而不能使用 JJG 596—2012《电子式交流电能表》检定规程。

④检定结果必须做出合格与否的结论，并出具证书或加盖印记。

例如：依据检定规程进行检定的机电式交流电能表，如满足规程要求，则需对表进行加封铅封及粘贴合格证的处理。

⑤从事计量检定的工作人员必须经过培训与考核,才能从事计量相关工作。

四、强制检定与非强制检定的区别

属于强制检定的工作计量器具被广泛的应用于社会的各个领域,数量多、影响大,关系到人民群众身体健康和生命财产的安全,关系到广大企业的合法权益及国家、集体和消费者的利益。

强制检定由县级以上人民政府计量行政部门指定的法定计量检定机构或者授权的计量技术机构,实行定点、定期的检定。

而非强制检定计量器具的检定方式,由企业根据生产和科研的需要,可以自行决定在本单位检定或者送其他计量检定机构检定、测试,任何单位不得干涉。

第三章　测量仪器及其特性

第一节　测量仪器的基础理论

一、测量仪器及其作用

1. 什么是测量仪器

测量仪器（measuring instrument）又称计量器具，是指"单独地或连同辅助设备一起用以进行测量的器具"。它是用来测量并能得到被测对象量值的一种技术工具或装置。为了达到测量的预定要求，测量仪器必须具有符合规范要求的计量学特性，特别是测量仪器的准确度必须符合规定要求。

测量仪器的特点是：

（1）用于测量，目的是为了获得被测对象量值的大小。

（2）具有多种形式，它可以单独地或连同辅助设备一起使用。例如体温计、电压表、直尺、度盘秤等可以单独地用来完成某项测量；另一类测量仪器，如砝码、热电偶、标准电阻等，则需与其他测量仪器和 / 或辅助设备一起使用才能完成测量。测量仪器可以是实物量具，也可以是测量仪器仪表或一种测量系统。

（3）测量仪器本身是一种器具或一种技术装置，是一种实物。

在我国有关计量法律、法规中，测量仪器称为计量器具，即计量器具是测量仪器的同义词从上述测量仪器的定义可以看出测量仪器是用于测量目的的所有器具或装置的统称，我国习惯统称为计量器具。

2. 测量仪器的作用

测量是为了获得被测量值的大小，而得到被测量值的大小是通过计量器具来实现的，所以计量器具是人们从事测量获得测量结果的重要手段和工具，它是测量的基础，是从事测量的重要条件。在测量过程中，在接受测量信息方面，人的感觉器官常常是力不能及的，正是通过计量器具把被测量大小引入到人们的感官中。有时对被测量的测量要实施远距离传输，要进行自动记录，要累计或计算被测量的值，或对某些被测量值要实施自动调节或控制，这些都要通过各种计量器具来实现。

计量器具又是复现单位、实现量值传递和量值溯源的重要手段。为实现计量单位统一和量值的准确可靠，必须建立相应的计量基准、计量标准和工作用计量器具，并通过检定和校准来实现测量的统一，实现测量的准确性、一致性，这一任务正是通过各级计量器具进行量值的传递和溯源来完成的。

计量器具又是实施计量法制管理的重要工具和手段。国家计量法规对用于贸易结算、医疗卫生、安全防护、环境监测四个方面且列入强检目录的工作计量器具实施强制检定，这些强检计量器具既是实施法制管理的对象，又是为维护国家和人民利益提供服务的重要手段，正是通过这些计量器具量值的准确可靠，使广大人民群众免受不准确、不诚实测量带来的危害。

计量器具又是开展科学研究、从事生产活动不可缺少的重要工具和手段。如果没有计量器具，就无法获得量值，科研就无法进行，生产过程就无法控制，产品质量就无从保证。

可见，哪里需要统一准确的测量，哪里就需要测量仪器。正如我国著名科学家、原国际计量委员会委员王大珩院士指出的："仪器不是机器，仪器是认识和改造物质世界的工具，而机器只能改造却不能认识物质世界；仪器仪表是工业生产的'倍增器'，科学研究的'先行者'，军事上的'战斗力'和社会生活中的'物化法官'"。

二、实物量具、测量系统和测量设备

1. 实物量具

实物量具（material measure）的定义是"使用时以固定形态复现或提供给定量的一个或多个已知值的器具"。它的主要特性是能复现或提供某个量、某些量的已知量值。这里所说的固定形态应理解为量具是一种实物，它应具有恒定的物理化学状态，以保证在使用时量具能确定地复现并保持已知量值。获得已知量值的方式既可以是复现的，也可以是提供的。如砝码是量具，它本身的已知值就是复现了一个质量单位量值的实物。如标准信号发生器也是一种实物量具，它提供多个已知量值作为供给量输出。定义中的已知值应理解为其测量单位、数值及其不确定度均为已知。可见实物量具的特点是：①本身直接复现或提供了单位量值，即实物量具的示值（标称值）复现了单位量值，如量块、线纹尺本身就复现了长度单位量值；②在结构上一般没有测量机构，如砝码、标准电阻，它只是复现单位量值的一个实物；③由于没有测量机构，在一般情况下，如果不依赖其他配套的测量仪器，就不能直接测量出被测量值，如砝码要用天平、量块要配用干涉仪、光学计。因此，实物量具往往是一种被动式测量仪器。

量具本身所复现的量值，通常用标称值表示。对实物量具而言，标称值是指标在实物上的以固定形态复现或提供给定量的那个值。这个量值是经修约取整后的一个值，往往是通过标准器对比所确定的量值的近似值。它可以表明实物量具的特性。例如，标在标准电阻上的量值 100Ω，标在砝码上的量值 $10g$，标在单刻度量杯上的量值 $1L$，标在量块上的量值 $100mm$，该标称值就是实物量具本身所复现的量值。对于多刻度的玻璃量器、可变电容器、电阻箱之类的量具，则通常取其满刻度值作为标称值，这种标称值也可作为总标称值。有的量具还标有如额定电流值、准确度等级等，但通常不能认为这些量值或数据是量具的标称值。

量具按其复现或提供的量值看，又可以分为单值量具和多值量具，单值量具如量块、标准电池、砝码等，一般不带标尺；多值量具如线纹尺、电阻箱等，带有标尺。多值量具也包含成套量具，如砝码组、量块组等。量具从工作方式来分，可以分为从属量具和独立量具。必须借助其他测量仪器才能进行测量的量具，称为从属量具，如砝码，只有借助天平或质量比较仪才能进行质量的测量；不必借助其他测量仪器即可进行测量的量具称为独立量具，如尺子、量杯等。

标准物质即参考物质按定义均属于测量仪器中的实物量具。

【案例】

考评员在考核某研究所的综合管理部门时，问其中的管理人员小李："你看以下计量器具中，哪些是实物量具？①钢卷尺②台秤③注射器④热电偶⑤电阻箱⑥卡尺⑦铁路计量油罐车⑧电能表"。小李回答："我认为其中①、③、④、⑥是实物量具。"又问另一名管理人员："你认为他的回答对吗？"管理人员回答："说不上来"。

【问题】什么是实物量具？

案例分析依据 JJF 1001—2011《通用计量术语及定义》中第 6.5 条规定，实物量具是指"具有所赋量值，使用时以固定形态复现或提供一个或多个量值的测量仪器"。实物量具本身直接复现或提供了量值，实物量具的示值就是其标称值。上题中除②台秤、④热电偶、⑥卡尺和⑧电能表不是实物量具外，其他有①钢卷尺、③注射器、⑤电阻箱、⑦铁路计量油罐车都属于实物量具。卡尺虽然习惯上称为"通用量具"，但按定义它并不是实物量具，而是一种指示式测量仪器。

2. 测量系统

测量系统（measuring system）是指"一套组装的并适用于特定量在规定区间内给出测得值信息的一台或多台测量仪器，通常还包括其他装置，诸如试剂和电源"。简单地说，是指用来测量规定区间内的特定量，与相关其他设备组装起来的一台或多台测量仪器。由定义可知，一个测量系统可以仅包括一台测量仪器，也可以包括多种测量仪器、实物量具或标准物质以及电源、稳压器、试剂等辅助设备。如半导体材料电导率测量装置、电流互感器检定装置、体温计校准装置等。

例如，要检定一等标准水银温度计的计量标准，需要有一等标准铂电阻温度计、标准测量电桥、低温槽、水槽、油槽、水三相点瓶、读数望远镜以及各恒温槽配套的控温设备，组成一整套测量系统，即一套测量装置。又如用于电视、雷达、通信设备的多参数测量用网络分析装置及应用于科研及工业生产的自动化测量装置，都是由若干设备组装起来形成一个系统的。

当然，测量系统可以是小型的或便携式的，但也可以是中型、大型或固定式的，有时则可能是把计量器具、计算装置和辅助装置连接起来的一套自动化的装置，便于转换、存储和在自动化系统中应用。如电站、锅炉房全套计量器具所组成的测量装备。

3. 测量设备

测量设备（measuring equipment）是指"为实现测量过程所必需的测量仪器、软件、测量标准、标准物质、辅助设备或其组合"。它是在推行 ISO 9000 标准时，从 ISO 10012—1 标准中引用过来的，它包括检定或校准中使用的，还包括试验和检验过程中使用的测量设备。可见它并不是指某台或某类设备，而是测量过程所必需的与测量仪器相关的包括硬件和软件的统称。测量设备有以下几个特点。

（1）概念的广义性。测量设备不仅包含一般的测量仪器，而且包含了各等级的测量标准、各类标准物质和实物量具，还包含和测量设备连接的各种辅助设备，以及进行测量所必须的资料和软件。测量设备还包括了检验设备和试验设备中用于测量的设备。定义的广义性是由 ISO 9000 标准的生产全过程实施质量控制所决定的。

（2）内容的扩展性。测量设备不仅仅是指测量仪器本身，而又扩大到辅助设备，因为有关的辅助设备将直接影响测量的准确性和可靠性。这里主要指本身不能给出量值而没有它又不能进行测量的设备，也包括作为检验手段用的工具、工装、定位器、模具、夹具等试验硬件或软件。可见作为测量设备的辅助设备对保证测量的统一和准确十分重要。

（3）测量设备不仅是指硬件还有软件，它还包括"进行测量所必须的资料"，这是指设备使用说明书、作业指导书及有关测量程序文件等资料，当然也包括一些测量仪器本身所属的测量软盘，没有这些资料就不能给出准确可靠的数据。因此，软件也应视为是测量设备的组成部分。

测量设备是一个总称，它比测量仪器或测量系统的含意更为广泛。提出此术语有利于对测量过程进行控制。

4. 指示式测量仪器和显示式测量仪器

指示式测量仪器（indicating measuring instument）是指"提供带有被测量量值信息的输出信号的测量仪器"。显示式测量仪器（displaying measuring instrument）是指能"输出信号以可视形式表示的指示式测量仪器"。这类仪器具有显示装置，显示可以是模拟的、数字的或半数字的；可以显示单个量值，也可以显示多个量值。例如，模拟式电压表、压力表、千分尺、数字式频率计、数字电压表、数字式电子秤都属于显示式测量仪器。显示式测量仪器还可用图形方式显示，如波形显示、频谱显示、图像显示等。如温度指示仪器也可以单点或多点进行测温。大多数模拟式指示仪器是可以连续地读取示值，但有时也可以是非连续的，如光学高温计 700℃以下灯丝亮度是用肉眼无法区别的，所以从（0～700）℃范围就没有相应的温度刻度；有的指示装置也可以是半数字式的，即主要以数字显示为主，而其最小示值又采用模拟式指示,目的是为了提高其读数准确度,如单相电能表。注意不要将单纯的指示装置、指示器、显示器等与显示式测量仪器相混淆。

三、测量链、测量传感器、检测器、敏感器

1. 测量链

测量链(measuring chain)是指"从敏感器到输出单元构成的单一信号通道测量系统中的单元系列"。具体地说,是测量仪器或测量系统从测量信号输入到输出所形成的一个通道,这一通道由一系列单元组成。如由传声器、衰减器、滤波器、放大器和电压表组成的电声测量链;如一个压力表的机械测量链,由波登管、机械传动系统和刻度盘构成。

2. 测量传感器

测量传感器(measuring transducer)是指"用于测量的,提供与输入量有确定关系的输出量的器件或器具"。它的作用就是将输入量按照确定的对应关系变换成易测量或处理的另一种量,或大小适当的同一种量再输出。在实践中,一些被测量往往不能找到能将它与已知量值直接进行比较的测量仪器来测量,或者测量准确度不高,如温度、流量、加速度等量,直接同它们的标准量比较是相当困难的,但可以将输入量变换成其他量,如电流、电压、电阻等易测的电学量;或变换成大小不同的同种量,如将大电流变换成较易测量的安培量级的电流,这种器件就称为测量传感器。

通常测量传感器的输入量就是被测量。如热电偶输入量为温度,经其转变输出为热电动势,根据温度与其热电动势的对应关系,可从温度指示仪或电子电位差计上得到被测的温度值,因此热电偶就是一种测温的传感器。传感器的种类很多,按被测量分类,可分为温度传感器、力传感器、压力传感器、应变传感器、速度传感器等;按测量原理分类,可分为电阻式、电感式、电容式、热电式、压电式、光电式等。计量器具中所用的传感器种类繁多,按其测量原理及应用举例如下。

电阻式传感器,把被测量的量变化变换为电阻变化的传感器,如热电阻。

电感式传感器,把被测量的量变化变换为自感或互感变化的传感器,如电动量仪。

电容式传感器,把被测量的量变化变换为电容变化的传感器,如电动量仪。

压电式传感器,利用一些晶体材料的压电效应,把力或压力的变化变换为电荷量变化的传感器,在力、加速度、超声及声纳等测量中得到广泛应用。

压磁式传感器,利用一些铁磁材料的压磁效应,把力或压力的变化变换为磁导率变化的传感器,如测力、称重用传感器。

压阻式传感器,利用半导体材料的压阻效应,把压力的变化变换为电阻变化的传感器。

光电式传感器,利用光电效应,把光通量的变化变换为电量的传感器。

霍尔传感器,利用某些半导体材料的霍尔效应,将被测量的变化变换为霍尔电势变化的传感器。

热电式传感器,利用热电效应,将温度变化变换为电动势变化的传感器,如热电偶。

现代计量技术与计量管理

磁电式传感器,利用电磁感应定律,将转速的变化变换为感应电动势或其他频率变化的传感器。

电离辐射式传感器,利用电离辐射的穿透能力,将气体电离具有热效应和光电效应的变化变换为电量变化的传感器,如 γ 射线测量仪。

光纤传感器,利用光在光纤中传播时其振幅(光强)、相位、偏振态、模式等随被测量值变化而变化的传感器,它们可测量压力、温度、流量、流速、转速、加速度、位移、电流、磁场、辐射等参数。

有时提供与输入量有给定关系的输出量的器件,并不直接作用于被测量,而是测量仪器的通道中间的某个环节,或是测量仪器本身内部的某一部件,则这种器件亦称为测量变换器;如输入和输出为同种量,亦称为测量放大器;输出量为标准信号的传感器通常也称为变送器,如温度变送器、压力变送器、流量变送器等。

3. 检测器

检测器(detector)是指"当超过关联量的阈值时,指示存在某现象、物体或物质的装置或物质"。换个简单的说法,检测器的是为了确定某现象、物体或物质超过了某一规定的阈值而起指示作用的装置或物质。检测器的测量结果是由被测量值决定的,因此具有一定的准确度,但它不必提供具体量值的大小。例如,检测制冷装置的制冷剂是否泄漏的卤素检漏器;在化学反应中用的石蕊试纸。在化学领域,检测器常用术语"指示器"表示;在某些领域,它也表示"敏感器"的概念。

4. 敏感器

敏感器(sensor)又称敏感元件,是指"测量系统中直接受带有被测量的现象、物体或物质作用的测量系统的元件"。敏感不一定直接受被测量作用,但是它直接受带有被测量的现象、物体或物质作用,因此能接受被测量的信息。例如,铂电阻温度计的敏感线圈,涡轮流量计的转子,压力表的波登管,液面测量仪的浮子,光谱光度计的光电池,随温度而改变颜色的热致液晶。必须注意敏感器与传感器、检测器的区别,三者的概念是不同的。例如,热电偶是测量传感器,但它并不是敏感器,因为只有热电偶的测量结直接接受被测量温度作用,因此测量结才是敏感器。另外,相对于检测器而言,也是不同的概念,检测器是用以指示超过关联量阈值的装置或物质,如卤素检漏器,当然它并不是敏感器。在某些领域,检测器本身直接受带有被测量的现象,物质作用,从而确定是否超过阈值,这时,检测器就是表示了敏感器的概念。而在某些领域,敏感器也可以用"检测器"来表示。

四、显示器、指示器、测量仪器的标尺和仪器常数

1. 显示器

显示器是指"测量仪器显示示值的部件"。显示器通常位于测量仪器的输出端。并不是所有的测量仪器都带有显示器,例如,有时实物量具用其标称值作为其示值,如量块、

标准电阻、砝码等,这些不能作为显示器,因为它没有显示示值的部件。

2. 指示器

指示器是指"根据相对标尺标记的位置即可确定示值的,显示单元中固定的或可动的部件"。从这个定义中我们可以得知,指示器是要相对于标尺标记的位置来确定示值,因此脱离了标尺,指示器就无法正常工作。例如,指针式电流表、电压表、百分表、千分表,可动的指针就是指示器;光点式检流计的指示器就是可动的光点;玻璃温度计、体温计、玻璃量器的指示器就是可以升降的液面;记录式测量仪器,其指示器就是可移动的记录笔。指示器可以是可动的,也可以是固定的,如人体秤的分度盘,其指示器是固定的,而其标尺或度盘在转动。

3. 测量仪器的标尺

测量仪器的标尺是指"测量仪器显示单元的部件,由一组有序的带有数码的标记构成"。标尺是测量仪器显示单元中的一个部件,它由一组有序的带有数码的标尺标记所构成。标尺标记上所标注的数字可以用被测量单位表示,也可以用其他单位表示,或仅为一个纯数。标尺通常固定或标注在度盘上。一个度盘可以有一个或多个标尺(如万用表)。度盘可以是固定的,也可以是活动的,所以标尺也可以是固定的或活动的。例如,各种指示式电表、压力表、直尺、刻度量器等的度盘是固定的,而有些人体秤的度盘是活动的。

在模拟式测量仪器中,标尺使用十分广泛,带有指示器的显示装置均带有标尺。标尺是确定测量仪器被测量值示值大小的重要部件,因为标尺的准确性直接影响着测量仪器的准确度。

是否所有测量仪器都具有标尺?不一定,关键决定于该测量仪器是否有指示装置,即是否有指示示值的部件,如量块、标准电阻、砝码只有其标称值,并无指示示值的部件,因而就没有标尺;同样,数字显示的测量仪器也不存在标尺。测量仪器的标尺是对测量仪器而言的,但通常使用时简称标尺。

与标尺有关的术语及含义如下。

(1) 标尺长度

标尺长度是指"在给定标尺上,始末两条标尺标记之间且通过全部最短标尺标记各中点的光滑连线的长度"。标尺长度就是标尺的第一个标记(始端)与最末一个标记(末端)之间连线的长度,此连线应通过全部最短标记的中点,这根连线也可称为标尺基线。它可能是实线(对直线标尺而言),如直尺、卡尺,也可能是虚线(对圆弧曲线、圆等标尺而言),如指示式电压表、电流表、百分表;也可以是一条标尺基线,对多量程的标尺也可能有多条标尺基线。标尺长度以长度单位表示,它与被测量的单位或标在标尺上的单位无关。标尺长度对测量仪器的计量特性十分重要,因为它影响着测量仪器读数误差的大小。

(2) 标尺间距

标尺间距是指"沿着标尺长度的同一条线测得的两相邻标尺标记之间的距离"。标尺间距是沿标尺长度的线段(即标尺基线)所测量得到的任何两个相邻标尺标记之间的距离。它以长度单位表示,而与被测量的单位和标在标尺上的单位无关。标尺间隔相同时,如标尺间距大,则有利于减小读数误差。

(3)标尺间隔(分度值)

标尺间隔是指"对应两相邻标尺标记的两个值之差"。标尺间隔用标在标尺上的单位来表示,而与被测量的单位无关,人们习惯上称为分度值,即标尺间隔和分度值是同义词。例如,百分表的分度值为 0.01mm;千分表的分度值为 0.001mm;体温计的分度值为 0.1℃有的测量仪器有几个标尺,且其标尺间隔各不相同,则此时标尺的分度值往往是指最小的标尺间隔。分度值影响着测量仪器的示值误差,它和标尺分度一起,是某些测量仪器划分准确度等级的主要依据。

(4)标尺分度

标尺分度是指"标尺上任何两相邻标尺标记之间的部分"。标尺分度主要说明标尺分成了多少个可以分辨的区间,决定标尺分度的数目是分得粗一点,还是分得细一点。如某长度测量仪器其两相邻标尺间隔为 1mm,如果在这一相邻标尺中间再加上一条短刻线,则其标尺间隔变为 0.5mm;如果在 1mm 标尺间隔上等间隔地加上 10 条短刻线,则相邻标尺间隔则为 0.1mm,分度更细了。要注意标尺分度和标尺间隔(分度值)的区别,标尺分度是说明如何确定标尺的数目和区间,而标尺间隔(分度值)是指两相邻标尺标记的两个值之差。从上面例子可见,两者有一定关系,分度数目多了,其分度值就小了。标尺分度数目和分度值,是很多测量仪器划分准确度等级的重要依据。

4. 测量系统的调整

测量系统的调整是指"为使测量系统提供相应于给定被测量值的指定示值,在测量系统上进行的一组操作",可简称为调整。测量系统的调整不应与测量系统的校准相混淆,校准是调整的一个先决条件。调整是为了使测量系统能提供相应于给定被测量值的指定示值,而要做的一组操作,以消除可能产生的偏差。测量仪器由于示值失准或长期存放、长途运输、或者搬运、冲击、或者由于新仪器使用前的安装等,可能产生偏差,因此需要进行调整。测量系统调整的类型包括:测量系统调零,偏置量调整,量程调整(有时称为增益调整)。测量系统调整后,通常必须再校准。

第二节 测量仪器的特性与选用原则

一、测量仪器的特性

(一) 示值区间、标称示值区间、标称示值区间的量程和测量区间

1. 示值区间

示值是由测量仪器或测量系统给出的量值.示值通常由模拟输出显示器上指示的位置、数字输出所显示或打印的数字、编码输出的码形图、实物量具的赋值给出。示值与相应的被测量值不必是同类量的值，例如，用热电偶测温，其指示仪表的示值为温度，而其被测量是热电动势毫伏值。

示值区间是指极限示值界限内的一组量值。示值区间可以用标在显示装置上的单位表示，例如，99V ~ 201V。在某些领域中，示值区间也称作示值范围。

2. 标称量值区间

标称量值是指测量仪器或测量系统特征量的经化整的值或近似值，以便为适当使用提供指导，简称标称值。例如，标在标准电阻器上的标称量 100Ω；标在单刻度量杯上的标称量值 1000mL；盐酸溶液 HCl 的物质的量浓度 0.1mol/L；恒温箱的温度为 $-20℃$。

标称示值区间简称标称区间，是指当测量仪器或测量系统调节到特定位置时获得并用于指明该位置的、化整或近似的极限示值所界定的一组量值。标称示值区间和示值区间是有区别的，虽然两者都是指极限示值内的一组量值，但标称示值区间是指极限示值所界定的一组量值，因此通常以它的最小和最大量值表示，例如，一台电压表，测量下限为100V，上限为 200V，它的标称示值区间是 100V ~ 200V。在某些领域，标称示值区间也称作 "标称范围"，在我国，标称示值区间的也简称 "量程"。

3. 标称示值区间的量程

标称示值区间的量程是指标称示值区间的两极限量值之差的绝对值。例如，对从 $-10V$ ~ $+10V$ 的标称示值区间，其标称示值区间的量程为 20V。

4. 测量区间

测量区间又称工作区间，是指在规定条件下，由具有一定的仪器不确定度的测量仪器或测量系统能够测量出的一组同类量的量值。在某些领域，此术语也称 "测量范围或工作范围"。我们可以理解为在规定条件下，在测量区间内使用，则能适用于该测量仪器或测量系统的不确定度，如超出测量区间使用，则误差不可知。

要注意正确区别示值区间、标称示值区间、标称示值区间的量程和测量区间的概念。示值区间是指极限内的一组量值，可以用标在显示装置上的单位表示；标称示值区间是

对测量仪器或测量系统而言的,它是极限示值所界定的一组量值,通常以它的最小和最大量值表示;测量区间是指能保证仪器不确定度的能够测量出的一组量值;标称示值区间的量程是指标称示值区间的两极限量值之差的绝对值。

二、测量仪器的计量特性

1. 灵敏度

灵敏度(sensitivity)是指"测量系统的示值变化除以相应的被测量值变化所得的商"。灵敏度是反映测量仪器被测量(输入)变化引起仪器示值(输出)变化的程度。它用被观察变量的增量即响应(输出量)与相应被测量的增量即激励(输入量)之商来表示。如被测量变化很小,而引起的示值(输出量)改变很大,则该测量仪器的灵敏度就高。

2. 鉴别阈

鉴别阈(discrimination threshold),是指"引起相应示值不可检测到变化的被测量值的最大变化"。它是指当测量仪器或测量系统在某一示值给予一定的被测量值的变化,这种变化缓慢从单方向逐步增加,当这种变化增加到使相应示值检测不到变化的最大值时,此时的被测量变化称为鉴别阈。

3. 分辨力

分辨力是指"引起相应示值产生可觉察到变化的被测量的最小变化"。

显示装置的分辨力(resolution of a displaying device)是指"能有效辨别显示示值间的最小示值差"。由定义可知,分辨力与显示装置分辨力是不同的概念。分辨力是引起测量仪器示值可检测到变化时被测量值的最小变化值,而显示装置的分辨力是指显示装置对其最小示值差的辨别能力。显示装置提供示值的方式,可以分为模拟式、数字式、半数字式三种。

模拟式显示装置提供模拟示值,最常见的是模拟式指示仪表,用标尺指示器作为读数装置,其显示装置的分辨力为标尺上任何两个相邻标记之间间隔所表示的示值差(最小分度值)的一半。如线纹尺的最小分度值为1mm,则其显示装置的分辨力为0.5mm。

要注意区别鉴别阈和显示装置的分辨力的概念,不要把二者混淆。因为鉴别阈是在测量仪器处于工作状态时通过实验才能确定数值,它说明相应示值不变化的被测量值的最大变化值;而显示装置的分辨力只须观察显示装置,即使测量仪器不工作也可确定,是说明最小示值差的辨别能力。

4. 测量仪器的稳定性

测量仪器的稳定性(stability of a measurement in strument)是指"测量仪器保持其计量特性随时间恒定的能力"。通常稳定性是指测量仪器的计量特性随时间不变化的能力。稳定性可以进行定量的表征,主要是确定计量特性随时间变化的关系。通常可以用以下两种方式:用计量特性发生某个规定的量的变化所需经过的时间,或用计量特性经过规定的时间所发生的变化量来进行定量表示。

例如,对于标准电池,技术指标中对其长期稳定性(电动势的年变化幅度)和短期稳定性(3～5天内电动势变化幅度)均有明确的规定;如量块尺寸的稳定性,以其每年允许的最大变化量(微米／年)来进行考核;如带有压力传感器的测量范围为(−0.1～250)MPa的数字压力计,则其稳定性是由以下方法确定:仪器通电预热后,应在不作任何调整的情况下(有调整装置的,可将初始值调到零),对压力计进行正、反行程的一个循环的示值检定,并作记录,计算出各点正、反行程的示值误差。该示值误差与上一周期检定证书上相应各检定点正、反行程示值误差之差的绝对值,即为相邻两个检定周期之间的示值稳定性。对于准确度等级 0.05 级以上的数字压力计,相邻两个检定周期之间的示值变化量不得大于最大允许误差的绝对值;例如,上限温度为150℃～300℃的一等标准水银温度计示值的稳定性测量方法如下:①将温度计插入恒温槽中,局部浸没、露出液柱约 10℃,在上限温度处理 30min,取出冷却,测定零位;②再在上限温度处理 24h,取出冷却,测定零位;③在上限温度下处理 10min 后,关闭恒温槽的加热电源,待水银柱面降至高于局浸线 2℃左右时,将温度计向下插至浸没在上限温度标线处,使之随介质缓冷至接近室温,取出测定零位。则上述方法②中测得的零位减去①中测得的零位,为温度计零位的永久性上升值,由上述方法②中测得的零位减去③中测得的零位,即为零位的低降值。

上述稳定性指标均是划分准确度等级的重要依据。对于测量仪器,尤其是计量基准、计量标准或某些实物量具,稳定性是重要的计量性能之一,示值的稳定是保证量值准确的基础。测量仪器产生不稳定的因素很多,主要原因是元器件的老化、零部件的磨损,以及使用贮存维护工作不仔细等所致。测量仪器进行的周期检定或校准,就是对其稳定性的一种考核,稳定性也是科学合理地确定检定周期的重要依据之一。

5. 仪器漂移

仪器漂移(instrument drift)是指"由于测量仪器计量特性的变化引起的示值在一段时间内的连续或增量变化"。仪器漂移既与被测量的变化无关,也与任何认识到的影响的变化无关。它是反映在规定条件下,测量仪器计量特性随时间的变化。在漂移过程中,示值的连续或增量变化既与被测量的变化无关也与影响量的变化无关。如有的测量仪器的零位漂移,有的线性测量仪器静态特性随时间变化的量程漂移。零位漂移不得超过规定的要求。

产生漂移的原因,往往是由于温度、压力、湿度等变化所引起,或由于仪器本身性能的不稳定。测量仪器使用时采取预热、预先放置一段时间与室温等温,就是减少漂移的一些措施。

6. 阶跃响应时间

阶跃响应时间是指"测量仪器或测量系统的输入量值在两个规定常量值之间发生突然变化的瞬间,到与相应示值达到其最终稳定值在规定极限内时的瞬间,这两者之间的持续时间"。这是测量仪器响应特性的重要参数之一。这是指测量仪器或测量系统的响应特性中，随着输入量值变化，其相应示值反应的能力，当然越短越好。阶跃响应时间短，则反映相应示值反应灵敏快捷，有利于进行快速测量或调节控制。以电流表、电压表、功率表为例，阶跃响应时间的测定要求如下：对仪表突然施加能使其指示器最终指示在标尺长度2/3 处的被测量，在 4s 之后，其指示偏离最终静止位置不得超过标尺长度的 1.5%。具体方法是，突然施加一个使指示器指示在标尺长 2/3 处的被测量，当指示器一开始移动时就用秒表开始测量，并当指示器摆动幅度达到标尺长度 1.5% 时停止计时，重复测量 5 次，取平均值，所得时间即为阶跃响应时间，规定不得超过 4s。

7. 死区

死区（deadband）是指"当被测量值双向变化时，相应示值不产生可检测到的变化的区间"。即为不致引起测量仪器相应示值发生变化的被测量值双向变化的最大区间。有的测量仪器由于机构零件的摩擦，零部件之间的间隙，弹性材料的变形，或由于被测量滞后等原因，在增大被测量值时，示值没有变化；或者在减小被测量值时，示值也没有变化，这个区域称为死区，相当于不工作区。

通常测量仪器的死区可用滞后误差或回程误差来进行定量确定。例如，当用标准电位差计检定测温用自动电子电位差计时，以标准电位差计示值作为被测量值的输入量，增加标准电位差计示值，使电子电位差计的指针从正行程方向达到某一规定的示值，此时读取标准电位差计的示值为 A，然后缓慢减小标准电位差计的输入量，使其从反方向行程改变被测量，当发现电子电位差计指针有可觉察移动时，读取标准电位差计的示值为 A_2，则 $|A_1—A_2|$ 值为测量仪器在此点的回程误差，即激励双向变动的区间值。所说的"最大区间"是指在测量仪器的整个测量范围内，其死区的最大变化值，如测定 3 个点，则以最大的死区作为该测量仪器的死区区间。

当然死区大小与测量过程中的速率有关，要准确地得到死区的大小则激励的双向变动要缓慢地进行。对于数字式的计量仪器的死区，IEC 标准解释为：引起数字输出的模拟输入信号的最小变化。但有时死区过小，反而使示值指示不稳定，稍有激励变化，响应就改变。为了提高测量仪器示值的稳定性，方便读数，有时要采取降低灵敏度或增加阻尼机构等措施，但这些做法却加大了死区。

8. 准确度等级

准确度等级（accuracy class）是指"在规定工作条件下，符合规定的计量要求，使测量误差或仪器不确定度保持在规定极限内的测量仪器或测量系统的等别或级别"。由定义可知，准确度等级是按照测量仪器或测量系统的测量误差或不确定度来划分的，而划分的依据则是由计量规程或相关要求所规定的测量误差或不确定度极限。准确度等级反映了测量仪器特性的准确程度，所以准确度等级是对测量仪器或测量系统的特性的概括性描述。测量仪器之所以要划分准确度等级，是因为按准确度等级分类有利于量值传递或溯源，有利于制造和销售，有利于用户合理地选用测量仪器。

准确度等级通常用约定采用的数字或符号表示，而"等"和"级"的区别通常这样约定:测量仪器加修正值使用时分为等,使用时不加修正值时分为级;有时测量标准器分为等,工作计量器具分为级。例如:0.2 级电压表、0 级量块、一等标准电阻等。实际上准确度等级只是一种表达形式,这些等级的划分仍是以最大允许误差、引用误差、不确定等一系列数值来定量表述。例如:电工测量指示仪表按准确度等级分类分为 0.1 级、0.2 级、0.5 级、1.0 级、1.5 级、2.5 级、5.0 级共七级,具体地说,就是该测量仪器以示值区间的上限值(俗称满刻度值)为引用值的引用误差,如 1.0 级指示仪表的引用误差为 ±1.0%FS(满刻度值 Full Scale)。因此,准确度等级实质上是以测量仪器的误差来定量地表述测量仪器准确度的大小。

有的测量仪器没有准确度等级指标,测量仪器的性能就是用测量仪器示值的最大允许误差来表述。这里要注意,测量仪器的准确度、准确度等级、测量仪器的示值误差、最大允许误差、引用误差等概念的含意是不同的。测量仪器的准确度是定性的概念,它可以用准确度等级、测量仪器示值误差等来定量表述。要说明一点,测量仪器的准确度是测量仪器最主要的计量性能,人们关心的就是测量仪器是否准确可靠,如何来确定这一计量性能呢? 通常可用其他的术语来定量表述。

要注意区分测量仪器的准确度和准确度等级的区别。准确度等级只是确定了测量仪器本身的计量要求,它并不等于用该测量仪器进行测量时所得测量结果的准确度高低,因为准确度等级是指仪器本身而言的,是在参考条件下测量仪器误差的允许极限。

9. 示值误差

示值误差(error of indication)是指"测量仪器示值与对应输入量的参考量值之差",也可简称为测量仪器的误差。示值是由测量仪器或测量系统给出的量值。示值可用可视形式或声响形式表示,也可传输到其他装置。

通常情况下,对模拟式测量仪器而言,示值由模拟输出显示器指示的位置给出;对于数字式测量仪器,示值由数字输出所显示或打印的数字给出;对于实物量具,示值由量具上标注的标称值给出;对于记录式仪器,示值由记录元件位置所对应的被测量值给出。示值误差是测量仪器最主要的特性之一,其实质就是反映了测量仪器的准确度,示值误差大则其准确度低,示值误差小,则其准确度高。

要区别和理解测量仪器的示值误差、测量仪器的最大允许误差和测量结果的测量不确定度之间的关系。三者的区别是:最大允许误差是指技术规范(如标准、检定规程)所规定允许的误差极限值,是判定仪器是否合格的一个规定要求;而测量仪器的示值误差是测量仪器的示值与被测量的真值(由于真值不知,往往用约定真值代替真值)之差,即示值误差的实际大小,是通过检定、校准所得到的一个值,可以评价是否满足最大允许误差的要求,从而判断该测量仪器是否合格,或根据实际需要提供修正值,以提高测量结果的准确度;测量不确定度是表征测量结果分散性的一个参数,或表述成一个区间或一个范围,说明被测量真值以一定概率落于其中,它是用于说明测量结果的可信程度的。可见,最大允许误差、测量仪器的示值误差和测量不确定度具有不同概念。测量仪器的示值误差是某一点示值对真值（约定真值）之差，测量仪器的示值误差的值是确定的，其符号也是确定的，可能是正误差或负误差；示值误差是实验得到的数据，可以用示值误差获得修正值，以便对测量仪器进行修正，而最大允许误差只是一个允许误差的规定范围，是人为规定的一个区间范围。在文字表述上，最大允许误差是一个专用术语，最好不要分割，要规范化，可以把所指最大允许误差的对象作为定语放在前面，如"示值最大允许误差"，而不采用"最大允许示值误差"、"示值误差的最大允许值"等。而测量仪器的示值误差前面不应加"±"号，测量仪器的示值误差只对某一点示值而言，并不是一个区间。过去有的把带有"±"号的最大允许误差作为"示值误差"，只是一种习惯使用方法，实际上是指示值最大时的允许误差的要求。测量仪器的示值误差和最大允许误差的具体关系是常用测量仪器各点示值误差的最大值，去和最大允许误差比较，判断是否符合最大允许误差要求，即是否在最大允许误差范围之内，如在范围内，则该测量仪器的示值误差为合格。

10. 基值测量误差

基值测量误差（datum measurement error）是指"在规定的测得值上测量仪器或测量系统的测量误差"，可简称为基值误差。为了检定或校准测量仪器，人们通常选取某些规定的示值或规定的被测量值，在该值上测量仪器的误差称为基值误差。

11. 零值误差

测量仪器的零值误差（zero error）是指"测得值为零值时的基值测量误差"。零值误差是指被测量为零值时，测量仪器或测量系统的测量误差。也可以说是当被测量的实际测得值为零时，测量仪器测量系统的直接示值与标尺零刻线之差。通常在测量仪器通电情况下称为电气零位；在不通电的情况下，称为机械零位。零位在测量仪器检定、校准或使用时都十分重要，因为实际中无须标准器就能确定其零位值，各种指示仪表和千分尺、度盘秤等都具有零位调节器，可以作为检定或校准，以便确保测量仪器的准确度。有的测量仪器零位不能进行调整，则此时零值误差应作为测量仪器的基值误差进行测定，应满足最大允许误差的要求。

测量仪器的零值误差与指示装置的结构相关，下面以水平仪和游标卡尺为例，说明如何进行零值误差的测定。

框式水平仪的零值误差测定：用零级平板进行测定，先把平板大致调到水平位置，将水平仪放在平板上紧靠定位块，从气泡的一端进行读数，然后把水平仪调转180°，准确地放在第一次读数位置，从第一次读数的一端（对观察者而言）记下气泡另一端的读数，两次读数之差即为零值误差，不应超过分度值的1/2。

游标卡尺的零值误差测定：游标卡尺的零值误差以零刻线和尾刻线不重合度表示。移动尺框，使两测量面接触，分别在尺框紧固和松开的情况下，观察游标零刻线和尾刻线与尺身相应刻线的重合情况，可用读数显微镜观察两刻线的不重合度，即两刻线中心线的距离，不得超过规定要求。

12. 固有误差

固有误差（intrirtsic error）是指"在参考条件下确定的测量仪器或测量系统的误差"，通常也称为基本误差。它是指在参考条件下，测量仪器或测量系统本身所具有的误差。主要来源于测量仪器自身结构的缺陷，或测量方法及其标准传递等造成的误差。固有误差的大小直接反映了该测量仪器或测量系统的准确度。固有误差一般都是对示值误差而言，因此固有误差是划分准确度等级的重要依据。最大允许误差就是在参考条件下，反映测量仪器或测量系统自身存在的所允许的固有误差极限值。

13. 仪器偏移

测量仪器的偏移（instrument bias）是指"重复测量示值的平均值减去参考量值"。人们在测量过程中，多次测量同一个被测量时，往往得到不同的示值，这就是因为存在着仪器偏移，而仪器偏移由重复测量示值的平均值与参考量值之差来表示。造成测量仪器偏移的原因是很多的，如仪器设计原理上的缺陷、标尺或度盘安装得不正确、使用时受测量环境的影响、测量方法的不完善、测量人员的因素以及测量标准器的传递误差等，为了确保准确度，必须控制仪器偏移，因为仪器偏移直接影响测量仪器或测量系统的示值误差。

14. 引用误差

引用误差（fiducial error）是指"测量仪器或测量系统的误差除以仪器的特定值"。该特定值一般称为引用值，它可以是测量仪器的量程或标称范围的上限。测量仪器或测量系统的引用误差就是其误差与其引用值之比。

二、测量仪器的选用原则

选用测量仪器应从技术性和经济性出发，使其计量特性（如最大允许误差、稳定性、测量范围、灵敏度、分辨力等）适当地满足预定的要求，既要够用，又不过高。

1. 技术性

在选择测量仪器的最大允许误差时，通常应为测量对象所要求误差的 1/5 ~ 1/3，若条件不许可，也可为 1/2，当然此时测量结果的置信水平就相应下降了。

在选择测量仪器的测量范围时，应使其上限与被测量值相差不大而又能覆盖全部量值。

在选择灵敏度时，应注意灵敏度过低会影响测量准确度，过高又难于及时达到平衡状态。

在正常使用条件下，测量仪器的稳定性很重要，它表征测量仪器的计量特征随时间长期不变的能力。一般来说，人们都要求测量仪器具有高的可靠性；在极重要的情况下，比如在核反应堆、空间飞行器中，为确保万无一失，有时还要选备两套相同的测量仪器。

在选择测量仪器时，应注意该仪器的预定操作条件和极限条件。这些条件给出了被测量值的范围、影响量的范围以及其他重要的要求，以使测量仪器的计量特征处于规定的极限之内。

此外,还应尽量选用标准化、系列化、通用化的测量仪器,以便于安装、使用、维修和更换。

2. 经济性

测量仪器的经济性是指该仪器的成本,它包括基本成本、安装成本及维护成本。基本成本一般是指设计制造成本和运行成本。对于连续生产过程中使用的测量仪器,安装成本中还应该包括安装时生产过程的停顿损失费(停机费)。通常认为,首次检定费应计入安装成本,而周期检定费应计入维护成本。这就意味着,应考虑和选择易于安装、容易维护、互换性好、校准简单的测量仪器。

测量准确度的提高,通常伴随着成本的上升。如果提出过高的要求,采用超越测量目的的高性能的测量仪器,而又不能充分利用所得的数据,那将是很不经济,也是毫无必要的。此外,从经济上来说,应选用误差分配合理的测量仪器来组成测量装置。

第三节　常用计量仪器的使用

一、直流电位差计

直流电位差计是一类测量微小直流电势(电压)的通用仪器,采用一定的测量方法也可以间接测量电阻、电流、功率等参数,准确度很高。在温度测量中,直流电位差计也是一种较为理想的仪器,常用于热电势、热电阻的测量。在检定温度测量的二次仪表(动圈式温度计、数字温度计)时,它可以作为标准仪器使用。

(一) 基本电路及工作原理

直流电位差计应用比较法原理工作,即用一个大小可调整的标准电压与被测的未知电势(电压)相比较,当测量系统平衡时即标准电压与被测电势(电压)大小相等时,测量结束,被测电势(电压)等于已知的标准定义值。

直流电位差计的线路是由3个基本回路组成,即工作回路、校准回路、测量回路。

测量之前,首先要校准工作回路的电流(工作电流 I_s),即工作电流标准化。得

$$E_N = I_S R_N \text{ 或 } I_s = E_N/R_N$$

式中,E_N 是标准电池的电势,准确度高而且稳定,其电势随温度的变化也可精确算出,并能做相应的校正;R_N 的阻值可制造得相当准确,因此可得到准确的工作电流值 I_s。

测量时,开关合到测量位置,测量回路接通。回路电压方程为

$$U_X - I_S R_{AB} = I\sum R$$

式中,U_x 为被测电压;I_s 为工作电流;I 为测量回路电流;$\sum R$ 为为测量回路总电阻(R_{AB}、

检流计内阻和被测电压源内阻等）。

（二）结构组成及测量盘电路的形式

直流电位差计的主要组件有：测量盘、温度补偿盘、工作电流调整盘、测量选择开关、量程变换开关、极性变换开关、检流计按钮等。

测量盘的结构有滑线式电阻和步进式电阻两种。滑线式结构的特点是阻值连续变化，其优点是能得到连续变化的比较电压，缺点是体积大、易磨损。滑线式结构经常用于测量盘的最后一盘。步进式结构的特点是阻值变化不连续，是步进式的变化，其优点是阻值调整精度高，误差独立，缺点是电刷触点热电势影响测量结果。

测量盘有多种结构形式，有串联代换式、并联式、电流叠加式、桥形分列式等。

（三）分类

按"未知"端口（即联通被测电压的端口）输出电阻的高低，直流电位差计可分为：①高阻电位差计—输出电阻大于 $10k\Omega/V$，适用于测量大电阻上的电压及高内阻电源的电动势，其工作电流小，不需大容量工作电源供电。②低阻电位差计—输出电阻小于 $100\Omega/V$，用于测量较小电阻的电压及低内阻电源的电动势，其工作电流大，为保持工作电流稳定，应由大容量电源供电。

按量程限，直流电位差计可分为：①高电压（电动势）电位差计—测量上限在 2V 左右，其输出电阻最高可达 $2\times10^{4}\Omega$，工作电流为 1mA 左右。②低电压（电动势）电位差计—测量上限约为 20 mV，输出电阻为 20Ω 左右，工作电流是 1mA。

按使用条件，直流电位差计可分为：①实验室型—在实验室条件下做精密测量用。②携带型—用于生产现场的一般测量。

二、磁电系检流计

磁电系检流计是一种高灵敏度的磁电系指示仪表，它可以测量微小电流、电压（ 10^{-8} 、A、$10^{-6}V$ 或更小）。磁电系检流计通常只用来检测电路中有无电流通过，而不用测出其大小，所以它的标度尺一般不注明电流或电压的数值。在直流电位差计和直流电桥的使用中，常用做指零仪表。

（一）磁电系仪表的结构与工作原理

1. 结构

磁电系仪表主要是由固定的磁路系统和可动部分组成。仪表的磁路系统包括永久磁钢、固定在磁钢两极的极掌以及处于两个极掌之间的圆柱形铁芯。圆柱形铁芯固定在仪表支架上，用来减小磁阻，并使极掌和铁芯间的空气隙中产生均匀的辐射形磁场。可动线圈用很细的漆包线绕在铝框上。转轴分成前后两部分，每个半轴的一端固定在动圈的铝盘上，另一端则通过轴尖支承于轴承中。在前半轴还装有指针,当可动部分偏转时,用来指示被测量的大小。

磁电式仪表按磁路形式又分为内磁式、外磁式和内外磁式三种。内磁式的永久磁铁在可动线圈的内部。外磁式的永久磁铁在可动线圈的外部。内外磁式在可动线圈的内外都有永久磁铁,磁场较强,可使仪表的结构尺寸更为紧凑。

2. 工作原理

磁电系仪表是基于永久磁钢间隙中的工作磁场与载流动圈相互作用原理,当电流进入动圈时,载流导体(动圈)在磁场中受到电磁力的作用而发生转动。设动圈的长度为 L,宽为 $2r$(r 为铝框的半径),匝数为 N,所流过动圈的电流为 I,空气隙中的磁感应强度为 B,则动圈的一侧在磁场中所受到的作用力和转动力矩分别为

$$F=BILN$$

$$M=BILNr$$

动圈两个边的转动力矩大小相等,方向相反,故作用在转轴上的总转动力矩为

$$M=2BILNr$$

由于 $2Lr$ 为动圈面积 S,所以式 $M=2BILNr$ 又可转换成

$$M=BISN$$

在转动力矩 M 的作用下,仪表动圈产生转动,直至被游丝所产生的反作用力平衡为止。反作用力矩为

$$M_a=K_\alpha$$

式中, K 为反作用力矩系数; a 为仪表动圈的偏转角。

当动圈停止转动而处于某一平衡位置时,转动力矩与反作用力矩相等,即

$$M=M_a \text{ 或 } BISN =K_\alpha$$

由此可以得到动圈的偏转角 a 为

$$\alpha = \frac{BSN}{K}I$$

对于已经制成的仪表来说, B、S、N、K 均为常数,故仪表的偏转角 a 与被测电流 I 成正比。由此可知,刻度尺呈现均匀特性。

(二)磁电系检流计的结构及原理

磁电系检流计一般有指针式和光点式两种类型。指针式检流计由于指针不可能太长而限制了灵敏度的提高,通常用于携带式电桥或电位差计中。光点式检流计利用光点经多次反射成像于标度尺上的光标位置来指示可动部分的偏转,相当于加长了指针的长度,从而进一步提高了检流计的灵敏度。

1. 指针式检流计

指针式检流计与一般磁电式仪表相似。为了提高仪表的灵敏度,在结构上采取了以下

特殊措施：①采用悬丝或张丝悬挂动圈代替轴尖轴承结构，以消除轴尖与轴承之间的摩擦对测量的影响，提高了灵敏度。悬丝除了产生小的反作用力矩外，还作为将电流引入线圈的引线。②取消了起阻尼作用的铝制框架。为了减少空气隙的距离，增加可动线圈匝数，减轻可动部分的重量，检流计的可动部分没有铝制的框架，检流计的阻尼只能由动圈和外电路闭合后产生。线圈在磁场中运动所产生的感应电动势通过检流计的外接电路后又产生感应电流，与磁场相互作用，从而产生相应的阻尼力矩。

2. 光点检流计

在指针式检流计的基础上，将指针改为光点来代替指示装置，这种检流计被称为光点式检流计。光点检流计是根据光电放大原理制成的，它的灵敏度比普通检流计高一个数量级，性能稳定可靠，而且使用方便。

光点式检流计有两种形式，一种是便携式检流计，其光路系统和标度尺安装在仪表的内部，所以也被称为内附光标指示检流计。另一种是安装式光标指示检流计，其光路系统和标度尺是单独的部件，使用时安装在仪表的外部。安装式光标指示检流计的灵敏度很高，其光路系统易受外界振动的影响，使用时需将它固定安装在稳定位置或坚实的墙壁上，所以通常也称它为墙式检流计。这种检流计通常用于精密测量。

（三）磁电系检流计的主要技术参数

1. 电流常数

常用标度尺与检流计反射镜之间距离为 1 m 时，1mm 分度表示的被测电流值来表示。

2. 外临界电阻

检流计工作在临界阻尼状态所需接入的外线路电阻。

3. 阻尼时间

检流计处于临界阻尼状态时，从最大偏转状态切断电流开始，指示器回到零位所需要的时间。

4. 振荡周期

使检流计偏转至边缘位置，在检流计回路开路时检流计同方向经过零刻度线的相邻两瞬时之间的时间间隔。

5. 内阻 R_g

检流计内阻包括动圈、悬丝、引线金属丝电阻接线柱的接触电阻。

（四）磁电系检流计的使用及维护

1. 检流计的选择

检流计应保证能在接近临界阻尼的条件下工作。要根据检流计内阻、外临界电阻、灵敏度、振荡周期等参数来选择检流计。

①当检流计测量单臂或双臂电桥电路和补偿器电路内的大电阻时，应选择电流灵敏度高而且有较大外临界电阻的检流计，如 $AC_4/1$ 型、$AC_4/2$ 型、$AC_{15}/1$ 型、$AC_{15}/2$ 型。②当检流计测量单臂或双臂电桥电路和补偿器电路内的小电阻时，应选择电流灵敏度高而外临界电阻较小的检流计，如 $AC_4/5$ 型、$AC_4/6$ 型、$AC_{15}/4$ 型、$AC_{15}/5$ 型。③当检流计测量小电势（如热电势）时，应选择电压灵敏度高的检流计，如 $AC_4/5$ 型、$AC_{15}/4$ 型。

2. 检流计的维护及注意事项

①使用时必须轻放，在搬动时将活动部分用止动器锁住，对无止动器的检流计，可用一根导线将接线柱两端短路。②在使用前应按正常使用位置安装好，对于装有水平仪的检流计应先调好水平位置，再检查检流计，看其偏转是否良好，有无卡滞现象等，进行这些检查工作之后，再接入测量线路中去使用。③要按临界电阻值选好外接电阻，并根据要求合理选择检流计的灵敏度，测量时逐步提高。当流过检流计的电流大小不清楚时，不要贸然提高灵敏度，应串入保护电阻或并联分流电阻后再逐步提高。④绝不允许用万用表、欧姆表测量检流计的内阻，以免通入过大的电流而烧坏检流计。⑤检流计应放置在干燥、无尘、无振动的场所使用或保存。

三、信号发生器

（一）概述

1. 信号发生器的作用和组成

信号发生器也称信号源，是用来产生振荡信号的一种仪器，为使用者提供需要的稳定、可信的参考信号，并且信号的特征参数完全可控。所谓可控信号特征，主要是指输出信号的频率、幅度、波形、占空比、调制形式等参数都可以人为地控制设定。正弦波信号发生器是测量中最常用的信号源。

信号发生器主要有三方面用途：①作为测量实验的激励信号；②作为信号仿真，模拟电子设备所需的、与实际工作环境相同的信号，测试设备的性能和参数；③作为标准源对一般信号源进行校准或比对。

主振器是信号发生器的核心部分，它产生不同频率、不同波形的信号。变换器用来完成对主振信号进行放大、整形及调制等工作。输出级的基本任务是调节信号的输出电平和变换输出阻抗。指示器用以监测输出信号的电平、频率及调制度。电源为仪器各部分提供所需的工作电压。

2. 信号发生器的分类

信号发生器用途广泛、种类繁多，按用途可分为通用信号发生器和专用信号发生器两大类。专用信号发生器是为某种专用目的而设计制作的，能够提供特殊的测量信号，如调频立体声信号发生器、电视信号发生器等。通用信号发生器应用面广，灵活性好，可以分为以下几类：

（1）按输出信号波形的不同

信号发生器大致分为正弦信号发生器和非正弦信号发生器。非正弦信号发生器又包括函数信号发生器、脉冲信号发生器和噪声信号发生器。

应用最广泛的是正弦信号发生器。函数信号发生器也比较常用，这是因为它不仅可以输出多种波形，而且信号频率范围较宽且可调。脉冲信号发生器主要用来测量脉冲数字电路的工作性能和模拟电路的瞬态响应。噪声信号发生器用来产生实际电路和系统中的模拟噪声信号，借以测量电路的噪声特性。

（2）按工作频率的不同

信号发生器分为超低频、低频、视频、高频、甚高频、超高频信号发生器。

（3）按调制方式的不同

信号发生器分为调幅（AM）、调频（FM）、调相、脉冲调制（PM）等类型。

（4）按信号产生的方法不同

信号发生器分为谐振法和合成法等类型。

3. 信号发生器的主要技术特性

信号发生器的技术指标较多，针对信号发生器的用途不同，其技术指标也不相同。通常用以下几项技术指标来描述正弦信号发生器的主要技术指标。

（1）频率特性

频率特性包括有效频率范围、频率准确度和频率稳定度。

①有效频率范围

各项指标均能得到保证的输出频率范围称为信号发生器的有效频率范围。

②频率准确度

频率准确度 a 是指频率实际值 f_x 对其标称值（即指示器的数值）f_0 的相对偏差，其表达式为

$$a = \frac{f_x - f_0}{f_0} \times 100\% = \frac{\Delta f}{f_0} \times 100\%$$

式中，Δf 为频率的绝对偏差，$\Delta f = f_x - f_0$。

③频率稳定度

频率稳定度是指在一定时间间隔内频率准确度的变化，它表征信号源维持工作于恒定频率的能力。频率稳定度分为长期稳定度和短期稳定度。频率长期稳定度是指长时间内频率的变化，如 3h、24 h。频率短期稳定度定义为信号发生器经规定的预热时间后，频率在规定的时间间隔（15 min）内的最大变化。频率短期稳定度通常是指频率的不稳定度，其表达式为

$$\delta = \frac{f_{max} - f_{min}}{f_0}$$

式中, f_{max} 和 f_{min} 分别为频率在任何一个规定时间间隔内的最大值和最小值。

（2）输出特性

输出特性主要包括输出阻抗、输出形式、输出波形和谐波失真、输出电平及其平坦度等。

①输出阻抗

输出阻抗视信号发生器类型而异。低频信号发生器一般有匹配变压器, 故有 50Ω、150Ω、600Ω、$5k\Omega$ 等各种不同输出阻抗, 而高频信号发生器一般只有 50Ω 或 75Ω 两种输出阻抗。

②输出电平及其平坦度

输出电平表征信号发生器所能提供的最大和最小输出电平调节范围。目前正弦信号发生器输出信号幅度采用有效值或绝对电平来度量。输出电平平坦度是指在有效的频率范围内输出电平随频率变化的程度。

③输出形式

输出形式包括平衡输出（即对称输出他）和不平衡输出（不对称输出）两种形式。

④最大输出功率

指信号源所能输出的最大功率, 它是一个度量信号源容量大小的参数, 只取决于信号源本身的参数 —— 内阻和电动势, 与输入电阻和负载无关。

⑤输出波形及谐波失真

输出波形是指信号发生器所能产生信号的波形。正弦信号发生器应输出单一频率的正弦信号, 但由于非线性失真、噪声等原因, 其输出信号中都含有谐波等其他成分, 即信号的频谱不纯。用来表征信号频谱纯度的技术指标就是谐波失真度。

（3）调制特性

高频信号发生器在输出正弦波的同时, 一般还能输出调幅波和调频波, 有的还带有调相和脉冲调制等功能。当调制信号由信号发生器内部产生时, 称为内调制。当调制信号由外部电路或低频信号发生器提供时, 称为外调制。高频信号发生器的调制特性包括调制方式、调制频率、调制系数以及调制线性等。

（二）低频信号发生器

低频信号发生器又称为音频信号发生器, 用来产生频率范围为 1 Hz ～ 1 MHz 的低频正弦信号、方波信号及其他波形信号。它是一种多功能、宽量程的电子仪器, 在低频电路测试中应用比较广泛, 还可以为高频信号发生器提供外部调制信号。

1. 低频信号发生器的组成

低频信号发生器主要包括主振器、电压放大器、输出衰减器、功率放大器、阻抗变换器和指示电压表等部分。

（1）主振器

主振器是低频信号发生器的核心，产生频率可调的正弦信号，决定信号发生器的有效频率范围和频率稳定度。低频信号发生器中产生振荡信号的方法很多，由于 RC 文氏桥式振荡器具有输出波形失真小、振幅稳定、频率调节方便和频率可调范围宽等特点，故被普遍应用于低频信号发生器主振器中。主振器产生与低频信号发生器频率一致的低频正弦信号。

（2）电压放大器

电压放大器兼有隔离和电压放大的作用。隔离是为了不使后级电路影响主振器的工作；放大是把振动器产生的微弱振荡信号进行放大，使信号发生器的输出电压达到预定的技术指标，要求其具有输入阻抗高、输出阻抗低（有一定的带负载能力）、频率范围宽、非线性失真小等性能。一般采用射极跟随器或运放组成的电压跟随器。

（3）输出衰减器

输出衰减器用于改变信号发生器的输出电压或功率，通常分为连续调节和步进调节。连续调节由电位器实现，也称细调；步进调节由电阻分压器实现，并以分贝值为刻度，也称粗调。

（4）功率放大器及阻抗变换器

功率放大器用来对衰减器输出的电压信号进行功率放大，使信号发生器达到额定功率输出。为了能实现与不同负载匹配，功率放大器之后与阻抗变换器相接，这样可以得到失真小的波形和最大的功率输出。

阻抗变换器只有在要求功率输出时才使用，电压输出时只需衰减器。阻抗变换器即匹配输出变压器，输出频率为 5 Hz ~ 5 kHz 时使用低频匹配变压器，以减少低频损耗，输出频率为 5 kHz ~ 1 MHz 时使用高频匹配变压器。输出阻抗利用波段开关改变输出变压器次级圈数来改变。

（5）指示电压表

输出电压表用来指示输出电压或输出功率的幅度，或对外部信号电压进行测量，可以是指针式电压表、数码 LED 或 LCD 电压表。

2. 低频信号发生器的主要性能指标

（1）频率范围：一般为 20 Hz ~ 1 MHz，且连续可调。

（2）频率准确度：±1% ~ ±3%。

（3）频率稳定度：一般为 0.4%/h。

（4）输出电压：0 ~ 10V 连续可调。

（5）输出功率：0.5W ~ 5W 连续可调。

（6）输出阻抗：50Ω、75Ω、150Ω、600Ω、5kΩ 等。

（7）非线性失真范围：0.1% ~ 1%。

（8）输出形式：平衡输出与不平衡输出。

3. 低频信号发生器的使用

低频信号发生器型号很多，但它们的使用方法基本类似。

（1）了解面板结构

使用仪器之前，应结合面板文字符号及技术说明书对各开关旋钮的功能及使用方法进行耐心细致的分析了解，切忌盲目猜测。信号发生器面板上有关部分通常按其功能分区布置，一般包括：波形选择开关、输出频率调谐部分（包括波段、粗调、微调等）、幅度调节旋钮（包括粗调、细调）、阻抗变换开关、指示电压表及其量程选择、电源开关及电源指示、输出接线柱等。

（2）注意正确的操作步骤

信号发生器的使用步骤如下：

①准备工作

正确选择符合要求的电源电压，把幅度调节旋钮置于起始位置（最小）开机预热 2 ~ 3 min 后方可投入使用。

②选择频率

根据需要选择合适的波段，调节频率度盘（粗调）于相应的频率点上，而频率微调旋钮一般置于零位。

③输出阻抗的配接

根据负载阻抗的大小，拨动阻抗变换开关于相应挡级以获得最佳负载输出，否则信号发生器的输出功率小、输出波形失真大。

④输出电路形式的选择

根据负载电路的输入方式，用短路片变换信号发生器输出接线柱的接法以选择相应的平衡输出或不平衡输出。

⑤输出电压的调节和测读

调节幅度调节旋钮可以得到相应大小的电压输出。在使用衰减器（除 0dB 挡外）时，输出电压的大小为电压表的示值除以电压衰减倍数。例如，信号发生器指示电压表示值为 20V，衰减分贝数为 60dB 时，实际输出电压应为 0.02V。当信号发生器为不平衡输出时，电压表示值即为输出电压值；当信号发生器平衡输出时，输出电压为电压表示值的两倍。

（三）高频信号发生器

高频信号发生器也称为射频信号发生器，信号的频率范围在 300 kHz ~ 300 MHz，广泛应用在高频电路测试中。为了测试通信设备，这种仪器具有一种或一种以上的组合调制（包括正弦调幅、正弦调频以及脉冲调制）功能。其输出信号的频率、电平、调制度可在一定范围内调节并能准确读数。

1. 高频信号发生器的组成

高频信号发生器主要包括主振级、缓冲级、调制级、输出级、衰减器、内调制振荡器、调频器等部分。

（1）主振级

主振级是信号发生器的核心，用于产生高频振荡信号。一般采用可调频率范围宽、频率准确度高、稳定度好的 LC 振荡器。为了使信号发生器有较宽的工作频率范围，可以在主振级之后加入倍频器、分频器或混频器。主振级电路结构简单，输出功率不大，一般在几到几十毫瓦的范围内。

（2）缓冲级

缓冲级主要起隔离放大的作用，用来隔离调制级对主振级产生的不良影响，保证主振级工作稳定并将主振信号放大到一定的电平。

（3）调制级

调制级实现调制信号对载波的调制，包括调频、调幅和脉冲调制等调制方式。在输出载波或调频波时，调制级实际上是一个宽带放大器；在输出调幅波时，实现振幅调制和信号放大。

（4）可变电抗器

可变电抗器与主振级的谐振回路相耦合，在调制信号作用下，控制谐振回路电抗的变化而实现调频。

（5）内调制振荡器

内调制振荡器用于为调制级提供频率为 400 Hz 或 1 kHz 的内调制正弦信号，该方式称为内调制。当调制信号由外部电路提供时，称为外调制。

（6）输出级

输出级主要由放大器、滤波器、输出微调器、输出倍乘器等组成，对高频输出信号进行调节以得到所需的输出电平，最小输出电压可达数量级。输出级还用来提供合适的输出阻抗。

（7）监测器

监测器一般由调制计和电子电压表组成，用以监测输出信号的载波幅度和调制系数。

（8）电源

电源用来供给各部分所需要的电压和电流。

2. 高频信号发生器的使用

下面以 AS1O51S 型高频信号发生器为例，介绍其主要性能和使用方法。

AS1O51S 型高频信号发生器采用高可靠集成电路组成高质量的音频信号发生器、调频立体声信号发生器和稳定电源。

(1) 主要技术特性

①调频立体声信号发生器

工作频率：（88 ~ 108）MHz±1%；

导频频率：19 kHz±1 Hz；

1kHz 内调制方式：左（L）、右（R）和左 + 右（L+R）；

外调输入：输入的信号发生器内阻小于 600 输入幅度小于 15 mV；

输入插孔：左声道输入和右声道输入；

高频输出：不小于 50 mV 有效值，分高、低挡输出连续调节；

②调频、调幅高频信号发生器

工作频率：范围为 100 kHz ~ 150 MHz（450 MHz），分 6 个频段，依次为：0.1 MHz ~ 0.33 MHz、0.32 MHz ~ 1.06 MHz、1 MHz ~ 3.5 MHz、3.3 MHz ~ 11 MHz、10 MHz ~ 37 MHz，34 MHz ~ 150 MHz；

1 kHz 内调制方式：调幅、载频（等幅）和调频；

高频输出：不小于 50 mV 有效值，分高、低挡输出连续调节。

③音频信号发生器

工作频率：1 kHz±10%；

失真度：小于 1%；

音频输出：最大 2.5 V 有效值，分高、中、低 3 档输出连续可调，最小可达微伏数量级。

④正常工作条件

电源电压：（220±22）V；（50±2.5）Hz；

电源功耗：4 W。

(2) AS1051S 型高频信号发生器的使用

①开机预热

先将电源线插入仪器的电源插入插座，然后将电源线的插头插入电源插座，打开电源开关使指示灯发亮，预热 3 ~ 5 分钟。

②音频信号的使用

将频段选择开关置于"1"，调制开关置于"载频（等幅）"，音频信号由音频输出插座输出，根据需要选择信号幅度开关的"高、中、低"档，如：低档调节范围自微伏到 2 mV；中档自毫伏到几十毫伏才高档自几十毫伏到 2.5 V。

③调频立体声信号发生器的使用

将频段选择开关置于"1"，调制开关置于"载频"，切忌置于，"调频"，否则就会要影响立体声信号发生器的分离度。

④调频调幅高频信号发生器的使用

将频段选择开关按需置于选定频段,调制开关按需选于调幅、载频(等幅)和调频,高频信号输出幅度调节由电平选择开关和输出调节旋钮配合完成,高频信号由插座输出。

⑤频宽调节

在中频放大器和鉴频器正常工作条件下,将高频信号发生器的频率调在中频频率上,调节"频宽调节"从小(顺时针旋转)开大,使示波器的波形不失真,即观察波形法。听声音法,是将"频宽调节"从小调到最响时,就不调大了。如在调节中频放大器和鉴频放大器的过程中调节"频宽调节",鉴频的调试过程中随时调节"频宽调节",直到都调好。

(四) 函数信号发生器

函数信号发生器实际上是一种宽带频率可调的多波形信号源,由于其输出波形均可用数学函数描述,故命名为函数信号发生器。它可以输出正弦波、方波、三角波、锯齿波、脉冲波及指数波等。目前函数发生器输出信号的重复频率可达 50MHz,还具有检测数字电路用 TTL、CMOS 逻辑电平输出,占空比调节等功能。除了作为正弦信号发生器使用之外,它还可以用来测试各种电路和机电设备的瞬态特性、数字电路的逻辑功能、模数转换器(A/D)及压控振荡器的性能。

1. 函数信号发生器的工作原理

函数信号发生器为了产生各种输出波形,利用各种电路通过函数变换实现波形之间的转换,即以某种波形为第一波形,然后利用第一波形导出其他波形。通常有 3 种转换方式:①方波式,先产生方波再转换为三角波和正弦波;②正弦波式,先产生正弦波再转换为方波和三角波;③三角波式,先产生三角波再转换为方波和正弦波,近来较为流行。

2. 函数信号发生器的使用

下面以 SG1645 函数信号发生器为例介绍。

SG1645 是一种多功能、6 位数字显示的函数信号发生器。它能直接产生正弦波、三角波、方波、对称可调脉冲波和 TTL 脉冲波,其中正弦波具有最大为 10 W 的功率输出,并具有短路报警保护功能。此外,该仪器还具有 VCF 输入控制、直流电平连续调节和频率计外接测频等功能。

(1)主要技术特性

①频率范围

输出电压时:0.2 Hz ~ 2 MHz,分 7 档;输出正弦波功率时:0.2 Hz ~ 200 kHz。

②输出波形:正弦波、三角波、方波、脉冲波和 TTL 输出。

③方波前沿:小于 100 ns。

④正弦波。

失真:10 Hz ~ 100 Hz < 1%。频率响应:0.2 Hz ~ 100 kHz < ±0.5dB;100 kHz ~ 2 MHz < ±1dB。

⑤ TTL 输出

电平：高电平大于 2.4 V，低电平小于 0.4 V，能驱动 20 只 TTL 负载。上升时间：< 40 ns。

⑥输出电压

阻抗：50 Ω(1±10%)；幅度：$\geqslant 20\ V_{p\text{-}p}$(空载)；衰减：20 dB、40 dB、60 dB；直流偏置：0 ~ ±10 V，连续可调；

正弦波功率输出

输出功率：$10W_{max}(f \leqslant 100kHz),5Wmax(f \leqslant 200kHz)$；输出幅度：$\geqslant 20V_{p\text{-}p}$；保护功能：输出端短路时报警，切断信号并具有延时恢复功能。

⑦脉冲占空比调节范围：80：20 ~ 20：80，$f \leqslant 1MHz$)。

⑧ VCF 输入

输入电压：–5V ~ 0V；最大压控比：1000：1；输入信号频率；< 1kHz)。

（2）注意事项

使用时应注意以下问题：①预热 15 分钟再使用。②按下相应波形键得到所需波形。③选择合适"频率倍乘"调节"频率调节"刻度盘得到所需信号频率。④调节"幅度调节"旋钮改变输出信号幅度。⑤调节"占空比"旋钮使输出波形的占空比为 1：1。

第四章 量值传递与溯源

第一节 量值传递与溯源的概念与理论

量值传递与溯源是计量工作保证量值准确一致的主要任务之一，它为工农业生产、国防建设、科学实验、国内外贸易、环境保护以及人民生活等各个领域提供计量保证。

一、量值传递与溯源的概念

将国家计量基准所复现的计量单位量值，通过检定（或其他传递方式）传递给下一等级的计量标准，并依次逐级传递到工作计量器具，以保证被测量的量值准确一致，称为量值传递。

同一量值，用不同的计量器具进行测量，若其测量结果在要求的准确度范围内达到统一，则称为量值准确一致。

量值准确一致的前提是，测量结果必须具有溯源性，即被测量的量值必须具有能与国家计量基准或国际计量基准相联系的特性。要获得这种特性，就要求用以测量的计量器具必须经过具有适当准确度的计量标准的检定，而该计量标准又受到上一等级计量标准的检定，逐级往上追溯，直至国家计量基准或国际计量基准。由此可见，溯源性的概念是量值传递的逆过程。对社会大力进行溯源性的宣传教育，是使人们正确认识计量工作的重要环节。

溯源性的定义为：通过一条具有规定不确定度的不间断的比较链，使测量结果或计量标准的值能够与规定的参考标准，通常是与国家计量标准或国际计量标准联系起来的特性。这条不间断的比较链称为溯源链。

（一）量值传递及溯源的必要性

任何计量器具，由于种种原因，都具有不同程度的误差。计量器具的误差只有在允许范围内才能应用，否则将得出错误的测量结果。如果没有国家计量基准、计量标准及进行量值传递或溯源，欲使新制的、使用中的、修理后的、不同形式的、分布于不同地区的、在不同环境下测量的同一量值的计量器具，都能在允许的误差范围内工作，是不可能的。

对于新制的或修理后的计量器具，必须用适当等级的计量标准来确定其计量特性是否合格；对于使用中的计量器具，由于磨损、使用不当、维护不良、环境影响或零件、部件内在质量的变化等引起的计量器具的计量特性的变化，是否仍在允许范围之内，也必须用适当等级的计量标准来确定其示值和其他计量性能。因此，量值传递及溯源的必要性是显而易见的。

（三）量值传递、溯源及保证量值准确一致的基础

1. 科学基础

科学基础主要是计量学理论、计量单位制、误差理论等。

2. 技术基础

主要的技术基础为：

（1）保证以最高准确度复现计量单位的国家计量基准体系；

（2）将国家计量基准的量值传递到工作计量器具的计量标准体系；

（3）用以保证计量器具准确一致的，或保证材料成分与性能检测时准确一致的标准物质体系；

（4）计量器具的研制、生产及修理的体系；

（5）计量器具的新产品定型鉴定体系；

（6）计量器具的检定体系等。

3. 法制基础

主要的法制基础为：

（1）计量法及有关法规体系；

（2）计量检定系统体系；

（3）计量检定规程体系；

（4）具有法定性质的操作规范体系；

（5）有关的国家标准等。

4. 组织基础

主要的组织基础为：

（1）国家计量部门及其计量研究机构；

（2）各级地方计量部门及其检定、研究机构；

（3）各部委系统的计量部门及有关研究机构；

（4）各企业、事业单位的计量机构及有关实验室；

（5）培养计量人才的院校及短期培训班；

（6）有关计量书刊的出版机构等。

（四）量值传递与溯源体系

对于一个国家来说，每一个量值传递或溯源体系只允许有一个国家计量基准。在我国，大部分国家计量基准保存在中国计量科学研究院。较高准确度等级的计量标准，大多数设置在省级或部委级计量技术机构及计量准确度要求很高的少数大企业内。较低准确度等级的计量标准，大多数设置在地、县级计量技术机构及计量要求较高的大、中型企业中。而工作计量器具则广泛应用于工矿、企业、商店、医院、研究机构、院校，甚至家庭之中，由此构成了量值传递或溯源体系。

在我国，用国家计量检定系统表的形式表达量值传递或溯源体系。

第二节　量值传递与溯源的方式

量值传递与溯源的方式有：用计量基准及计量标准进行逐级传递；发放有证标准物质（CRM）的办法；发播信号的办法；用计量保证方案等。

一、用计量基准及计量标准进行逐级传递

这是传统的量值传递方式，即把受检计量器具送到具有高一等级计量标准的计量技术机构检定。这种量值传递方式比较费时、费钱，有时检定好的计量器具经过运输后，受到震动、撞击、潮湿或温度的影响，丧失了原有的准确度；而且它只对送检的计量器具进行检定，而对其使用时的操作方法、操作人员的技术水平、辅助设备及环境条件等均没有考核；对于该计量器具两次周期检定之间缺乏必要的技术考核，因此很难确保用该计量器具在日常测试中量值的可靠。尽管有这么多的缺点，但到目前为止，它还是量值传递的主要方式。

大型、笨重或安装在线的计量器具不便于送检，这时可将能搬运的计量标准包括辅助设备，组装成检定车，到现场对受检计量器具进行检定。有时检定车本身就是一个计量标准，如用检衡车检定轨道衡。

二、发放有证标准物质进行传递

1. 用有证标准物质进行传递的特点

标准物质又称"参考物质"，是一种或多种足够均匀和很好地确定了特性的，用以校准测量装置（计量器具）、评价测量方法或给材料赋值的一种材料或物质。

标准物质必须由国家计量部门或由它授权的单位进行制造,并附有合格证书才有效。这种有效的标准物质称为"有证标准物质'7certified reference material,缩写为 CRM)。

使用 CRM 进行传递具有很多优点,例如,可避免送检仪器,可以快速评定并可在现场使用等。目前,这种方式主要用于化学计量领域。

2. 用 CRM 进行传递的一般环节

第一环节为"基本单位",它说明 CRM 均可溯源到国家计量基准。第二环节为"公认的定义测量法",也称为"权威性方法",它是指有正确的理论基础,量值可直接由基本单位计算,或间接用与基本单位有关的方程计算,方法的系统误差可以基本上消除,因而可以得到约定真值的测量结果。化学分析方面经典的重量分析法、库仑分析法、电能当量测定法、同位素稀释质谱法及中子活化分析法等均属于这种权威性方法。实现这种方法需要高精度设备、技术熟练的科技人员、耗费较多资金和时间。所以这种方法一般只用来测定一级 CRM 的特性值。第三环节为"一级 CRM",它用来研究和评价标准方法,控制二级 CRM 的研制和生产,用于高精度计量器具的校准。第四环节为"标准方法",它是指具有良好的测量重复性和再现性的方法,这种方法有的已经与定义测量法进行过比较验证,可给出方法的准确度;有的只知道其精密度,这时就需采用两种以上原理的标准方法进行比较,以确定有无系统误差。用标准方法可测定二级 CRM 的特性值。第五环节为"二级CRM",它是用来研究和评价现场方法及用于一般计量器具的校准。第六环节为"现场方法",即大量应用于工厂、矿山、实验室和监测单位的各种测量方法。

用 CRM 传递的环节少,一般只有一级与二级 CRM。除了国家计量研究机构生产部分一级 CRM 外,其他计量技术机构一般均不生产 CRM。用户均可根据需要购买 CRM,自己校准计量器具及评价测量方法。CRM 是纯的或混合的气体、液体或固体。例如,校准黏度计用的水,量热计法中作为热容量校准物的蓝宝石,化学分析校准用的溶液。CRM 一般属一次性、消耗性的。

在 CRM 传递中,使用"校准"一词,这与"检定"是有区别的。"检定"是查明和确认计量器具是否符合法定要求的程序,它包括检查、加标记和(或)出具检定证书;而"校准"是在规定条件下,为确定计量器具或测量系统所指示的量值,或实物量具或参考物质所代表的量值,与对应的由标准所复现的量值之间关系的一组操作。

三、通过发播标准信号进行传递

通过发播标准信号进行量值传递是简便、迅速和准确的方式,但目前只限于时间频率计量。我国通过无线电台,早就发播了标准时间频率信号。以后随着国家通讯广播事业的发展,中国计量科学研究院将小型饱束原子频标放在中央电视台发播中心,由中央电视台利用彩色电视副载波定时发播标准频率信号,并于 1985 年开始试播标准时间信号。这样,用户可直接接收并可在现场直接校正时间频率计量器具。

随着卫星技术的发展,出现了利用卫星发播标准时间频率信号的方式。卫星电视发播标准时间频率信号的原理见图 4-4。

这种传递方式具有很好的前景，因为时间频率计量的准确度比其他基本量高几个数量级。因此，计量科学家正在研究使其他基本量与频率量之间建立确定的联系，这样便可以像发播时间频率信号那样来传递其他基本量了。

四、用计量保证方案（MAP）进行传递或溯源

美国标准局（NBS；1988 年该局更名为国家标准技术研究院 .NIST）在 20 世纪 70 年代就开展了"计量保证方案"（measurement assurance program，缩写为 MAP）进行量值传递（或溯源）。这是一种新型的量值传递（或溯源）的方式。

MAP 是一种测量过程的品质保证方案，它使参加 MAP 活动的计量技术机构的量值能更好地溯源到国家计量基准。它用数理统计的方法，对参加的计量技术机构的校准质量进行控制，定量地确定校准的总不确定度，并对其进行分析，因此能及时地发现问题，使总不确定度小到足以满足用户的要求。

从概念上说，参加 MAP 活动的计量技术机构，可以看作是对整个参加实验进行检定的一种办法。

1. 实施 MAP 的一般步骤

除传统的量值传递的基本条件外，还必须具备相应的"传递标准"和"核查标准"，有熟悉数理统计基础知识的专业技术人员及微型电子计算机。

"传递标准"其定义为："在计量标准相互比较中用作媒介的计量标准"。具体说是指一个或一组计量性能稳定的、特制的、可携带（或运输）的计量标准。所谓"核查标准"，也是一种计量标准，它要求随机误差小、长期稳定性好，并经久耐用。这种计量标准专门用于核查本实验室的计量标准，故称为"核查标准"。核查标准提供了一种表征测量过程状态的手段。它通过在一个相当长的时间周期内和变化中的环境条件下，对同一计量标准进行重复测量而达到表征测量过程的目的，它重视的是测量数据库，因为正是这些测量值，才能准确地描述测量过程的性能。

MAP 实施的一般步骤为：

（1）NBS 将传递标准在计量基准上进行校准，并考察传递标准的长期稳定性，当确认传递标准稳定可靠时才能使用；

（2）NBS 只将该传递标准、测量条件和方法寄给参加的实验室，而该传递标准的校准结果则不寄出；

（3）参加实验室收到传递标准后，作为"未知标准"，在本单位的计量标准上进行校准；

（4）用该室内部的核查标准，对本单位的计量标准进行周期性的反复核查；

（5）参加实验室将传递标准以及上述的校准与核查的数据均寄到 NBS；

（6）NBS 收到传递标准后，再进行复校，得出数据。如能证明传递标准稳定性符合要求，则有效；

(7)在有效的前提下，NBS对全部数据用电子计算机进行分析处理，写出检测报告；

(8将检测报告寄到参加实验室,该室根据报告,决定本单位的计量标准是否需要修正，NBS对此负责技术指导和咨询。

进行MAP时，被传递的单位可以是一个或若干个。当传递单位为若干个时，NBS先将传递标准寄到A单位，A单位校准后把数据寄到NBS，而把传递标准寄到B单位，依次类推，最后一个单位校准好后，才将传递标准寄回NBS。在这种情况下，要求传递标准的长期稳定性非常好。

MAP方式不仅国家一级计量技术机构可以采用,部门、地区的计量技术机构也可采用。NBS在实施MAP时，就采用了地区的MAP方式，即同一地区的几个单位组成一个MAP小组,NBS只与组长单位联系即可。若有多个地区MAP小组,就构成一个MAP的传递网络。

原则上只要能制成传递标准的计量项目都可采用MAP方式，且不受准确度的限制。

2.MAP与传统的量值传递方式的比较

(1)两种传递方式的差异

MAP是"闭环"的，有数据反馈，而传统量值传递方式是"开环"的，无数据反馈。由此可见,MAP能对参加实验室的计量标准、检定方法、操作人员和环境条件全面进行考核。而且它要求参加实验室必须有核查标准，用它对本单位的计量标准进行周期的、长期的核查，从而使本单位的计量标准一直处于统计控制之中，因此，参加实验室出具的检测数据是可靠的。而传统量值传递方式只是将计量标准送到上一级计量机构去检定，因此，仅能对计量标准本身进行考核。

(2)MAP免除了计量标准的送检，因此，基本上不影响参加实验室的日常检测工作。

(3)MAP免除了送检计量标准在运输过程中可能造成的损伤。

MAP尽管有这些优点，但它不能全部代替传统量值传递方式（即检定服务），因为要开展MAP，必须要求有传递标准，这不是所有物理量量值传递所能做到的；而且要发展最高准确度等级的MAP,所付的代价是昂贵的，这就限制了MAP的发展。以美国为例，NBS传递的检定服务约有400项，而开展MAP的目前只有质量、直流电压（标准电池）、电阻、电容、激光功率和能量、电能（瓦时计）、温度（钮电阻温度计）、微波功率、透光度和量块等10多个物理量。进一步要开展的项目有：X射线剂量射线剂量、漫反射系数、逆反射系数及低温温度计等。

在发展任何新的MAP之前，必须进行充分的论证，这种论证应证明MAP服务是必要的，并且一旦开展这种服务，将能推广应用。

MAP传递方式,已经引起许多国家计量界的极大关注，我国也不例外。原国家计量局于1987年已将推广MAP作为"量值传递改革的研究"，列入重大课题计划，并已经取得一定的进展。

第三节　计量基准与计量标准

一、计量基准

1. 一般说明

（1）基本概念

计量基准是计量基准器具的简称，是在特定计量领域内复现和保存计量单位（或其倍数或分数）并具有最高计量特性的计量标准，是统一量值的最高依据。

"计量基准"这一术语，主要是前苏联和东欧的一些国家以及我国使用，其他国家则多使用"原级标准 primary standard）或"测量标准"（measurement standard, etalon）。

国家计量基准（又称国家测量标准）是经国家批准的计量标准，在一个国家内作为对有关量的其他计量标准定值的依据。在我国，国家计量基准由国家计量行政部门负责建立。每一种国家计量基准均有一个相应的国家计量检定系统表。

国家计量基准根据需要可代表国家参加国际比对，使其量值与国际计量基准的量值保持一致。

国家计量基准应具有复现、保存、传递单位量值的三种功能。它应包括能实现上述三种功能所必须的计量器具和主要配套设备。

一种国家计量基准可以由几台不同量值测量范围可相互衔接的计量基准所组成，例如"10～106N 力值国家基准"包括 4 台不同测量范围的基准测力机组。

国家计量基准的使用必须具备下列条件：经国家鉴定合格并经长期稳定性考核，证明其稳定性良好，符合要求；具有正常工作所需的环境条件；具有称职的保存、维护、使用人员；具有完善的管理制度。符合上述条件的，经国家计量行政部门审批并颁发国家计量基准证书后，方可使用。

"国际计量基准"（又称国际测量标准）的含义是：经国际协议承认的计量标准，在国际上作为对有关量的其他计量标准定值的依据。

计量基准不仅应具有最高的准确度，而且应具有最佳的稳定度。因此，研制计量基准时应尽量采用当代科学技术的最新成就，恰当地选用材料，使它具有良好的耐磨性、抗腐蚀性，并有足够的强度和稳定性，有时还需要有极高的纯度。在制造过程中力求消除由于材料本身或加工过程中引起的内应力，选用的电子元件应经充分地老化等。

（2）计量基准的准确度与科学技术和工业生产水平及发展的关系

计量基准的准确度既反映本国科学技术和工业生产的水平，又影响着本国科学技术和工业生产的发展。

2. 人工基准与自然基准

计量基准的稳定度是至关重要的计量特性，是计量科学家研究的重要课题。为了追求高稳定性，有些计量基准经历了"初级人工基准—宏观自然基准—高级人工基准—微观自然基准"的发展道路。"人工基准"是指以实物来定义并复现测量单位，所以又称为"实物基准"；"自然基准"是指以自然现象或物理效应来定义测量单位，但仍需以实物（计量器具）来复现它。所以这两者的区别，仅仅在测量单位的定义上。

二、计量标准

（一）根据计量标准的用途分

1. 参考标准

"参考标准"是在给定组织或给定地区内指定用于校准或检定同类量其他测量标准的测量标准。参考标准是针对检定或校准计量标准器具所使用的计量标准。在给定地区内统一本地区量值依据的测量标准，称社会公用计量标准；在给定组织内统一本部门或者本企业量值依据的测量标准，称为部门或者企业计量标准。

2. 工作标准

"工作标准"是用于日常校准或检定测量仪器或测量系统的测量标准。工作标准是针对检定，校准工作器具所使用的计量标准而言的。

由此可见，判定计量标准属于参考标准还是属于工作标准的原则，不是看计量标准准确度的高低，而是看计量标准的工作场合和实际用途。在日常应用中，不是特殊需要，就没有必要去刻意分辨哪些属于参考标准，哪些属于工作标准。

（二）按测量准确度的高低分类

1. 最高计量标准

最高计量标准必须经有关人民政府计量行政部门主持考核，合格后方可使用。社会公用计量标准，部门、企事业单位最高计量标准属于强制管理对象，必须接受政府计量行政部门的监督与管理对于这类计量标准按测量准确度的高低分类我们称为"最高计量标准"，如"最高社会公用计量标准""部门最高计量标准""企业最高计量标准"。

2. 次级计量标准

一个完整、有效、经济、合理的量值传递或溯源体系，仅有最高等级的计量标准是远远不够的，往往还需要建立其他等级的计量标准。与最高计量标准相比，这些计量标准的测量准确度相对低一些，称为次级计量标准。次级计量标准位于在给定组织或给定地区内最高计量标准与用于校准或检定的工作计量器具之间，处于量值传递的中间环节，用于检定或校准组织内最高计量标准之外的其他计量标准或者工作计量器具。次级计量标准，按其不同的测量准确度，都应当直接或间接溯源到组织内的最高计量标准，其量值要能够溯源于国家计量基准。

（三）按法律地位分

1. 社会公用计量标准

社会公用计量标准是指经过政府计量行政部门考核、批准，作为统一本地区量值的依据，在社会上实施计量监督、具有公证作用的计量标准。在处理计量纠纷时，只有经计量基准或社会公用计量标准仲裁检定后的数据才能作为仲裁依据，具有法律效力。

社会公用计量标准由各级政府计量行政部门根据本地区需要组织建立，在投入使用前要履行法定的考核程序。具体来说，下一级政府计量行政部门建立的最高等级的社会公用计量标准，须向上一级政府计量行政部门申请考核，其他等级的社会公用计量标准，属于哪一级的，就由哪一级地方计量行政部门主持考核。经考核合格符合要求并取得《计量标准考核证书》后，由建立该项社会公用计量标准的政府计量行政部门审批并颁发《社会公用计量标准证书》。政府计量行政部门在所属法定计量技术机构建立的计量标准都是社会公用计量标准，其他单位建立的计量标准，要想取得社会公用计量标准的法律地位，必须经有关政府计量行政部门授权。

2. 部门计量标准

省级以上政府有关主管部门可以根据本部门的特殊需要建立计量标准，在本部门内使用，作为统一本部门量值的依据。所谓"本部门特殊需要"是指社会公用计量标准不能覆盖或满足不了的某部门专业特点的特殊需要。此规定的目的是限制有些部门对各类计量专业都按部门、行业各自形成一套量值传递系统的做法。只要社会公用计量标准能满足需要，各部门就没有必要重复再建，使计量检定经济合理的原则真正得到贯彻执行。

省级及以上政府有关主管部门建立计量标准，由本部门审查决定。部门最高计量标准，须经同级人民政府计量行政部门主持考核合格，发给《计量标准考核证书》，再由有关主管部门批准使用后，才能在本部门内开展非强制检定。这是部门建立计量标准应履行的法定程序。

3. 企事业计量标准

企事业单位有权根据生产、科研和经营管理的需要建立计量标准，在本单位内部使用，作为统一本单位量值的依据。国家鼓励企事业单位加强计量检测设施的建设，以适应现代化生产的要求，尽快改变企事业单位计量基础薄弱的状况。因此，只要企事业单位有实际需要，就可以自主决定建立与生产、科研和经营管理相适应的计量标准。为了保证量值的准确可靠，建立本单位使用的各项最高计量标准，如果是有主管部门的企业，须经与企事业单位的主管部门同级的政府计量行政部门主持考核合格，发给《计量标准考核证书》，并向其主管部门备案后才能在本单位内开展非强制检定；如果无主管部门，须经与企事业单位工商注册部门同级的政府计量行政部门主持考核合格，发放《计量标准考核证书》后，在本单位内开展非强制检定。这是企事业单位建立计量标准应履行的法定程序。

（四）标准物质

标准物质是具有一种或多种足够均匀和很好地确定了的特性，用以校准测量装置、评价测量方法或给材料赋值的一种材料或物质。按照《计量法实施细则》的规定，用于统一量值的标准物质属于计量标准的范畴。用于量值传递的标准物质，一般是指有证标准物质，即具有一种或多种特性值，用建立了溯源性的程序确定，使之可溯源到准确复现的表示该特性值的测量单位，每一种出证的标准物质特性值都附有给定置信水平的不确定度。

标准物质的品种和数量很多，世界上现在大约有 15000 种标准物质。我国发布的标准物质目录，按专业领域的分类方法，分为钢铁、有色金属、建筑材料，核材料与放射性，高分子材料、化工产品，地质环境、临床化学与医药、食品，能源、工程技术，物理学与物理化学等 13 大类。

标准物质是量值传递的一种重要手段，是统一全国量值的法定依据。它可以作为计量标准检定或校准仪器，作为比对标准考核仪器，检定测量方法和操作是否正确，测定物质或材料的组成和性质，考核各实验室之间测量结果的准确度和一致性，鉴定所试制的仪器或评价新测量方法，以及用于仲裁检定等。

第四节　计量检定、计量校准和比对

一、量值溯源体系

通过一条具有规定不确定度的不间断的比较链，使测量结果或测量标准的值能够与规定的参考标准的值（通常是国家计量基准或国际计量基准）联系起来的特性，称为量值溯源性。

这种特性使所有的同种量值，都可以按这条比较链，通过校准向测量的源头追溯，也就是溯源到同一个计量基准（国家基准或国际基准），从而使测量的准确性和一致性得到技术保证。否则，量值出于多源或多头，必然会在技术上和管理上造成混乱。

量值溯源等级图，也称为量值溯源体系表，它是表明测量仪器和计量特性与给定量的计量基准之间的关系的一种代表等级顺序的框图。该图对给定量及其测量仪器所用的比较链进行量化说明，以此作为量值溯源性的证据。

二、检定、校准和检测概述

作为一线从事计量技术工作的计量技术人员，其主要和大量的工作是对计量器具（测量仪器)进行检定和校准,也包括在计量监督管理工作中涉及的对计量器具新产品和进口计量器具的型式评价,以及定量包装商品净含量的检验等检测工作。检定、校准和检测工作的技术水平高低,工作质量好坏直接影响到经济领域、社会生活和科学研究中量值的统一和准确可靠。因此,在某一专业从事计量工作的计量技术人员,必须具有熟练运用本专业计量技术法规、使用相关计量基准或计量标准、正确进行测量不确定度分析与评定和准确无误地出具计量证书报告、完成量值传递或量值溯源技术工作的能力。本节将就检定、校准和检测所涉及的基本概念、正确实施、有关的技术管理和法律责任等分别给以阐述。

1. 检定、校准、检测

(1)检定

检定是计量领域中的一个专用术语,是对计量器具检定或计量检定的简称。检定(verification)是指"查明和确认计量器具是否符合法定要求的程序,它包括检查、加标记和(或)出具检定证书"。也就是说,检定是为评定计量器具计量性能是否符合法定要求,确定其是否合格所进行的全部工作。检定具有法制性,其对象是《中华人民共和国依法管理的计量器具目录》中的计量器具,包括计量标准器具和工作计量器具,可以是实物量具、测量仪器和测量系统。

检定的目的是查明和确认计量器具是否符合有关的法定要求。法定要求是指按照《计量法》对依法管理的计量器具的技术和管理要求。对每一种计量器具的法定要求反映在相关的国家计量检定规程以及部门、地方计量检定规程中。

检定方法的依据是按法定程序审批公布的计量检定规程。国家计量检定规程由国务院计量行政部门制定,没有国家计量检定规程的,由国务院有关主管部门和省、自治区、直辖市人民政府计量行政部门制定部门计量检定规程和地方计量检定规程,并向国务院计量行政部门备案。

检定工作的内容包括对计量器具进行检查,它是为确定计量器具是否符合该器具有关要求所进行的操作。这种操作是依据国家计量检定系统表所规定的量值传递关系,将被检对象与计量基、标准进行技术比较,按照计量检定规程中规定的检定条件、检定项目和检定方法进行实验操作和数据处理。最后按检定规程规定的计量性能要求(如准确度等级、最大允许误差、测量不确定度、影响量、稳定性等)和通用技术要求(如外观结构、防止欺骗、操作的适应性和安全性以及强制性标记和说明性标记等)进行验证、检查和评价,对计量器具是否合格,是否符合哪一准确度等级做出检定结论,按检定规程规定的要求出具证书或加盖印记。结论为合格的,出具检定证书或加盖合格印;不合格的,出具检定结果通知书。

计量检定有以下特点。

①检定的对象是计量器具,而不是一般的工业产品;

②检定的目的是确保量值的统一和准确可靠,其主要作用是评定计量器具的计量性能是否符合法定要求;

③检定的结论是确定计量器具是否合格,是否允许使用;

④检定具有计量监督管理的性质,即具有法制性。法定计量检定机构或授权的计量技术机构出具的检定证书,在社会上具有特定的法律效力。

计量检定在计量工作中具有非常重要的作用,它是进行量值传递或量值溯源的重要形式,是实施计量法制管理的重要手段,是确保量值准确一致的重要措施。

（2）校准

校准(calibration)是"在规定的条件下,为确定测量仪器或测量系统所指示的量值,或实物量具或参考物质所代表的量值,与对应的由测量标准所复现的量值之间关系的一组操作"。

校准的对象是测量仪器或测量系统,实物量具或参考物质。测量系统是组装起来进行特定测量的全套测量仪器和其他设备。

校准方法依据的是国家计量校准规范,如果需要进行的校准项目尚未制定国家计量校准规范,应尽可能使用公开发布的,如国际的、地区的或国家的标准或技术规范,也可采用经确认的如下校准方法:由知名的技术组织、有关科学书籍或期刊公布的,设备制造商指定的,或实验室自编的校准方法,以及计量检定规程中的相关部分。

校准的目的是确定被校准对象的示值与对应的由计量标准所复现的量值之间的关系,以实现量值的溯源性。

校准工作的内容就是按照合理的溯源途径和国家计量校准规范或其他经确认的校准技术文件所规定的校准条件、校准项目和校准方法,将被校对象与计量标准进行比较和数据处理。校准所得结果可以是给出被测量示值的校准值,如给实物量具赋值,也可以是给出示值的修正值,如实物量具标称值的修正值,或给出仪器的校准曲线或修正曲线,也可以确定被测量的其他计量性能,如确定其温度系数、频响特性等。这些校准结果的数据应清楚明确地表达在校准证书或校准报告中。报告校准值或修正值时,应同时报告它们的测量不确定度。

校准是按使用的需求实现溯源性的重要手段,也是确保量值准确一致的重要措施。

（3）检测

法定计量检定机构计量技术人员从事的计量检测,主要是指计量器具新产品和进口计量器具的型式评价、定量包装商品净含量的检验。计量检测的对象是某些计量器具产品和定量包装商品。

对计量器具新产品和进口计量器具的型式评价,是依据型式评价大纲对计量器具进行全性能试验,将检测结果记录在检测报告上,为政府计量行政部门进行型式批准提供依据。

对定量包装商品净含量的检验是依据国家计量技术规范对定量包装商品的净含量进行检验,为政府计量行政部门对商品量的计量监督提供证据。

2. 计量器具的检定

（1）检定的适用范围

检定的适用范围就是《中华人民共和国依法管理的计量器具目录》中所列的计量器具。

（2）实施检定工作的原则

《中华人民共和国计量法》第十一条规定，计量检定工作应当按照经济合理的原则，就地就近进行。经济合理是指进行计量检定，组织量值传递要充分利用现有的计量检定设施，合理地部署计量检定网点。就地就近就是组织量值传递不受行政区划分和部门管辖的限制。

（3）计量检定的分类

①按照管理环节分类

首次检定：对未曾检定过的新计量器具进行的一种检查。这类检定的对象仅限于新生产或新购置的没有使用过的从未检定过的计量器具。其目的是确认新的计量器具是否符合法定要求，符合法定要求的才能投入使用。所有依法管理的计量器具在投入使用前都要进行首次检定，经过首次检定的计量器具不一定都要进行后续检定，如对竹木直尺、玻璃体温计及液体量具规定只作首次检定，失准者直接报废，而不作后续检定；对直接与供气、供水、供电部门进行结算用的家庭生活用煤气表、水表、电能表，则只作首次检定，到期轮换，而不作后续检定。

周期检定：指按时间间隔和规定程序，对计量器具定期进行的一种后续检定。计量器具经过一段时间使用，由于其本身性能的不稳定，使用中的磨损等原因可能会偏离法定要求，从而造成测量的不准确。周期检定就是为防止这种现象的出现，按照计量器具使用过程中能保持所规定的计量性能的时间间隔进行再次检定。按这种固定的时间间隔，周期地进行
的这种后续检定，可以保证使用中的计量器具持续地满足法定要求。周期检定的时间间隔在计量检定规程中规定。

修理后检定：指使用中经检定不合格的计量器具，经修理人员修理后，交付使用前所进行的一种检定。

周期检定有效期内的检定：是指无论是由顾客提出要求，还是由于某种原因使有效期内的封印失效等原因，在检定周期的有效期内再次进行的一种后续检定。

进口检定：进口以销售为目的的列入《中华人民共和国依法管理的计量器具目录（型式批准部分）》的计量器具，在海关验放后所进行的检定。这类检定的对象是从国外进口到国内销售的计量器具，以保证在我国销售的进口计量器具都能满足我国的法定要求。进口以销售为目的的计量器具的订货单位必须向所在省、自治区、直辖市政府计量行政部门申请检定，政府计量行政部门将指定有能力的计量检定机构实施检定。如果检定不合格，需要索赔，则订货单位应及时向商检机构申请复验出证。

仲裁检定：用计量基准或社会公用计量标准所进行的以裁决为目的的计量检定、测试活动。这一类特殊的检定是为处理因计量器具准确度引起的计量纠纷而进行的。根据《计量法》的规定"处理因计量器具准确度所引起的纠纷，以国家计量基准器具或者社会公用计量标准器具检定的数据为准"。因此这类检定与其他检定的显著不同之处是必须用国家基准或社会公用计量标准来检定。检定对象是由于对其是否准确有怀疑而引起纠纷的计量器具。这类检定可以由纠纷的当事人向政府计量行政部门申请，也可能由司法部门、仲裁机构、合同管理部门等委托政府计量行政部门进行。其检定结果的法律效力十分明确。

②按照管理性质分类

强制检定：对于列入强制管理范围的计量器具由政府计量行政部门指定的法定计量检定机构或授权的计量技术机构实施的定点定期的检定。这类检定是政府强制实施的，而非自愿的。《计量法》规定属于强制检定范围的计量器具，未按照规定申请检定或者检定不合格继续使用的，属违法行为，将追究法律责任。

列入强制管理的计量器具都是担负公正、公平和诚信的社会责任的计量器具。国家为保证经济建设和社会发展的需要，有效地保护国家、集体和人民免受计量不准的危害，维护国家和消费者的利益，保护人民健康和生命、财产的安全，对这类计量器具实行强制检定。

强制检定的对象包括两类。一类是计量标准器具，它们是社会公用计量标准器具，部门和企业、事业单位使用的最高计量标准器具。这些计量标准器具肩负着全国量值传递的重任、资源的保护。

按强制检定的管理要求，社会公用计量标准器具和部门、企业、事业单位最高计量标准器具的使用者应向主持该计量标准考核的政府计量行政部门申报，并向其指定的计量检定机构按时申请检定。属于强制检定的工作计量器具的使用者应将这类计量器具登记造册，报当地政府计量行政部门备案，并向当地政府计量行政部门申请检定，由其指定的计量检定机构按周期检定计划检定。

承担强制检定任务的计量检定机构，包括国家法定计量检定机构和各级政府计量行政部门授权开展强制检定的计量检定机构，应就所承担的任务制定周期检定计划，按计划通知使用者，安排接收使用者送来的计量器具或到现场进行检定。强制检定工作必须在政府规定的期限内完成，计量检定机构在完成强制检定后应出具检定证书或检定结果通知书并加盖检定印记。不应出具校准证书或测试报告。应按照国家规定的检定收费标准收取检定费。计量检定机构应按检定规程的规定给出被检计量器具的检定周期，使用者必须按证书给出的检定有效期在到期之前按时送检。

某计量技术机构的检定人员检定了一批强制性检定的计量器具。监督人员在查看原始记录时发现，检定规程规定的8个检定项目，只做了5项。监督人员问检定员为什么少做3项。检定员说最近工作很忙，如果按检定规程做8项要花很多时间，就只做了主要的5项，其余3项不重要，这次就不做了。

案例分析依据《中华人民共和国计量法》第十条规定计量检定必须执行计量检定规

程因为检定的目的是查明和确认计量器具是否符合法定要求。对每一种计量器具的法定要求反映在相关的国家计量检定规程以及部门、地方计量检定规程中。特别是强制检定的对象都是担负公正、公平和诚信的社会责任,关系人民健康、安全的计量器具。在《计量检定人员管理办法》第十五条规定了计量检定人员应当履行的义务,其中要求"依照有关规定和计量检定规程开展计量检定活动,恪守职业道德",执行计量检定规程是计量检定人员应尽的基本义务。强制检定必须执行计量检定规程,对每一个计量器具的每一项法定要求都必须检查和确认,不能随意省略和减少。监督人员应要求检定人员将所有漏检的项目全部进行补做。检定人员要提高对强制检定意义的认识,加强执行检定规程的意识和自觉性。

非强制检定:在所有依法管理的计量器具中除了强制检定的以外,其余计量器具的检定都是非强制检定。这类检定不是政府强制实施,而是由使用者依法自己组织实施的。这类计量器具的准确与否只涉及其使用单位的产品质量、节能降耗、经济核算、实验数据的准确可靠等。使用这类计量器具的单位应建立内部计量器具台账,制定周期检定计划,按计划对所有计量器具实施检定。使用单位可根据本单位生产、管理和研究工作的实际需要建立相应等级的计量标准,对本单位计量器具实施检定,也可以自主选择其他有资质的计量检定机构将计量器具送去检定。检定周期可根据本单位实际情况自主确定。

三、检定、校准、检测过程

实施检定、校准和检测任务的机构,应策划检定、校准和检测实施所需的过程,确定质量目标和要求,配备资源,制定质量手册、程序文件和各类作业指导书,确定其质量监督和控制的措施、制度,保留为其测量结果满足要求提供证据所需的记录。

1. 检定、校准、检测依据的文件

(1)顾客的需求

检定、校准和检测工作的第一步是弄清楚顾客的真正需要是什么。为得到检定、校准或检测服务,顾客会通过合同、标书、协议书、委托书、强检申请书,以及口头等形式将他们的要求提出来。计量技术人员要仔细了解顾客所提出的要求,通过对要求、标书、合同、强检申请书等的评审,弄清具体的检定、校准、检测对象,计量性能要求,采用的方法,是否需要调整修理等,记录下这些要求以作为下一步工作的依据。

如果顾客需要的是检定,首先要分清是哪一类检定,是强制检定,还是非强制检定,是首次检定,还是后续检定,是进口检定,还是仲裁检定等。不同类检定要区别对待。如果是强制检定,要列入强制检定计划,按计划执行。政府对强制检定有明确的时限要求,应优先安排,按时完成,无正当理由不得超过时限。如果是首次检定、进口检定、仲裁检定,可能涉及索赔或追究法律责任,要注意保持被检对象的原来状态。

如果顾客的需要是校准,就要弄清校准对象是计量标准器具,还是工作计量器具,或

是专用测量仪器,需要校准的参数、测量范围、其最大允许误差或不确定度要求等技术指标,以及采用什么方法。

如果是检测,由政府计量行政部门下达计量器具新产品或进口计量器具的型式评价,或定量包装商品净含量检验任务,要弄清政府计量行政部门规定的时限要求,检测报告要求和其他要求。受企业委托进行有关的检测,也要弄清企业的要求是什么,并记录在合同或委托书上。

(2)检定、校准和检测方法依据的技术文件

检定、校准和检测必须依据相关的技术文件,如检定规程、校准规范、型式评价大纲、检验规则等。这类文件是按照每一种计量器具的特殊要求分别制定的。在每一个文件中规定了该文件的适用范围,包括适用于哪一种计量器具或量值,以及要达到的目的。规定了计量要求:包括被测的量值、测量范围、准确度要求等,也规定了通用技术要求:如外观结构、安全性能等。文件中还规定了进行检定或校准或检测必备的条件,包括设备要求和环境条件要求。设备要求包括计量标准器具和配套设备的要求,如计量标准器具和配套设备的名称、准确度指标、功能要求等。环境条件要求包括环境参数的技术指标,如所需的温度范围、湿度范围等。文件中规定的检定或校准或检测的项目和采用的方法,是这类文件的中心内容。每一次实施检定或校准或检测时都必须依据相关的技术文件中的要求来进行。

检定应依据国家计量检定系统表和国家计量检定规程。国家计量检定系统表和国家计量检定规程由国务院计量行政部门制定。如无国家计量检定规程,则依据国务院有关主管部门和省、自治区、直辖市人民政府计量行政部门分别制定,并向国务院计量行政部门备案部门计量检定规程和地方计量检定规程。

校准应根据顾客的要求选择适当的技术文件。首选是国家计量校准规范。如果没有国家计量校准规范,可使用满足顾客需要的、公开发布的,国际的、地区的或国家的技术标准或技术规范,或依据计量检定规程中的相关部分,或选择知名的技术组织或有关科学书籍和期刊最新公布的方法,或由设备制造商指定的方法。还可以使用自编的校准方法文件。这种自编的校准方法文件应依据 JJF《国家计量校准规范编写规则》进行编写,经确认后使用。

某计量校准人员在受理一个客户要求给予校准的计量仪器时,未能找到适合的校准技术规范。他观察了此仪器的功能和测量参数,觉得本实验室的计量标准器可以对这台仪器进行校准。

于是他临时想了一个校准方法,并按此方法实施了校准,出具了校准证书。

案例分析根据 JJF 1069—2012《法定计量检定机构考核规范》第7.3节"检定、校准和检测方法及方法的确认"规定,开展校准时,应使用满足顾客需要的,对所进行的校准适宜的国家制定的校准规范。如无国家计量校准规范,可使用公开发布的国际的、地区的或国家的技术标准或技术规范,或依据计量检定规程中的相关部分,或选择知名的技术组织或有关科学书籍和期刊最新公布的方法，或由设备制造商指定的方法。如果上述文件中都没有适合的，则可以自编校准方法文件。这种自编的校准方法文件应依据 JJF 1071—2010《国家计量校准规范编写规则》进行编写，经确认后使用。所谓确认，就是通过验证并提供客观证据，以证实某一特定预期用途的特殊要求得到满足。方法的确认需要实施验证，提供客观证据，所采用的技术方法包括：①使用计量标准或标准物质进行校准；②与其他方法所得到的结果进行比较；③实验室间比对；④对影响结果的因素作系统性评审；⑤根据对方法的理论原理和实践经验的科学理解，对所得结果不确定度进行的评定。经过使用上述方法或其组合，确认符合要求的方法文件需经过正式审批手续，由对技术问题负责的人员签名批准方可使用。必要时，应由相关领域的专家对某一非标准方法进行技术评价、科学论证，确定其是否科学合理，是否满足对某种计量器具校准的要求。

本案例中校准人员自编的校准方法未经确认是不能使用的，使用未经确认的方法进行校准，其结果是不可靠的。

计量器具新产品型式评价应使用国家统一的型式评价大纲。国家计量检定规程中规定了型式评价要求的按规程执行。目前只有国家重点管理的计量器具等部分计量器具制定了国家统一的型式评价大纲，凡国家计量检定规程中规定了型式评价要求的按规程执行。对大多数没有国家统一制定的型式评价大纲，也没有在计量检定规程中规定型式评价要求的新产品的型式评价，由承担任务单位的计量技术人员，依据 JJF 1015—2002《计量器具型式评价和型式批准通用规范》和 JJF 1016—2009《计量器具型式评价大纲编写导则》自行编制该产品的型式评价大纲，经本单位技术负责人审查批准后使用。

开展定量包装商品净含量的检验，应依据 JJF 1070—2005 定量包装商品净含量计量检验规则》进行，在该规则的附录中规定了以不同方式标注净含量的定量包装商品的检验方法。该规则没有规定检验方法的定量包装商品，应按国际标准、国家标准或者由国务院计量行政部门规定的方法执行。

（3）方法的确认

对于非标准的方法都必须经过确认后才能使用。标准方法是指国家计量检定规程、部门和地方计量检定规程、国家计量技术规范（含国家计量校准规范、定量包装商品净含量检验规则）、国家统一型式评价大纲、国际标准、国家标准、行业标准规定的方法。在这些标准方法之外的都是非标准方法，如自编的校准规范、自编的型式评价大纲、知名的技术组织或有关科学书籍和期刊最新公布的方法、设备制造商指定的方法等。对一些标准方法的使用如果超出了原标准方法规定的使用范围，或对标准方法进行了扩充或修改，都与非标准方法一样需经过确认。所谓确认，就是通过核查并提供客观证据，以证实某一特定预期用途的特殊要求得到满足。确认应尽可能全面，以满足预期用途或应用领域的需要。确认需要对该方法能否满足要求进行核查，并提供客观证据。用于方法确认的方法包括：

①使用计量标准或标准物质进行校准；

②与其他方法所得到的结果进行比较；

③实验室间比对；

④对影响结果的因素作系统性评审；

⑤根据对方法的理论原理和实践经验的科学理解,对所得结果不确定度进行的评定。

应由相关领域的专家对某一非标准方法进行技术评价、科学论证,确定其是否科学合理,是否满足对某种计量器具校准的要求。经过使用上述方法或其组合,确认符合要求的方法文件需经过正式的审批手续,由对技术问题负责的人员签名批准后方可使用。

（4）方法文件有效版本的控制

无论哪一种计量检定规程、计量校准规范、型式评价大纲、定量包装商品净含量检验规则和经确认的非标准方法文件,都必须使用现行有效的版本。因为各类技术文件经常会修订,经过修订作废的、被替代的、或未经确认的非标准的或自编的文件都不允许使用。计量技术机构应有专门的部门或专职人员对本单位所使用的各类方法文件进行受控管理。每一个从事检定、校准或检测的计量技术人员在工作开始之前都要检查所使用的技术文件是否为受控的文件。现行有效的文件上都有明显的受控文件标识。对于标识为作废的文件或没有任何受控状态标识的文件都不能作为依据的方法文件来使用。要注意应从国务院计量行政部门的公告、网站及权威期刊上和其他有效途径,及时了解公开发布的规程、规范等标准文件的制订和修订情况。

（5）编制作业指导书

为了正确执行所依据的规程、规范、大纲、规则等,一般都需要编写作业指导书,除非规程、规范等已足够详细具体。从事检定、校准、检测的人员应能根据规程、规范、大纲、规则的要求编写出指导实际操作的作业指导书。规程、规范等文件是通用的,有的会提出几种方法供不同情况选择。在编写作业指导书时,应根据本实验室的实际情况、使用的具体设备,将操作中的注意事项、选择的某种方法、本实验室仪器的操作步骤,以及在工作中积累的经验做法等编写成作业指导书。作业指导书是针对某种检定、校准、检测对象的,应具有很强的可操作性,但不应照抄规程、规范等文件中已有的内容。作业指导书也是一种受控管理的技术文件,需要经过审核、批准、加受控文件标识等。

2，检定、校准和检测人员的资质要求

每个检定、校准、检测项目至少应有 2 名符合资质要求的计量技术人员,资质要求包括持有该项目"计量检定员证",或持有"注册计量师资格证书"和取得省级以上政府计量行政部门颁发的该项目"注册计量师注册证"。

计量技术机构应明确规定检定、校准、检测人员、核验人员、主管人员的资格和职责,对上述人员明确任命或授权。

计量技术机构应建立人员技术档案,档案中包括每个技术人员的学历、所学专业、工作经历、从事的专业技术工作,获得的资格、职务、具备的能力、受过的培训、取得的技术成果等。以便按人员的能力和资格安排适当的工作岗位。从事计量检定、校准、检测的人员还应通过继续教育和培训,不断提高知识水平和能力,以适应工作任务的扩展和技术的不断进步。

在检定、校准、检测工作过程中,由熟悉本专业检定、校准、检测的方法、程序、目的,并能正确进行结果评价的监督人员对正在进行的工作实施监督监督人员一般是不脱产的,但比普通检定、校准、检测人员有更丰富的经验,更宽的知识面,更强的责任心。通过监督人员的监督工作,及时发现和纠正检定、校准、检测人员操作中的疏忽和错误。

为了实现计量检定员与计量注册师两种管理制度的对接,加强计量人员监管力度,完善现行计量检定人员监管体制,保障量值传递准确可靠,2008 年国家质检总局制定了新的《计量检定人员管理办法》,对从事计量检定工作的技术人员应严格按此办法加强监督管理。

3. 计量标准的选择和仪器设备的配备

(1)计量标准的选择原则

在国家计量检定规程和国家计量校准规范中,都明确规定了应使用的计量基准或计量标准,应按规定执行。如果依据的是其他文件,应根据被检或被校计量器具的量值、测量范围、最大允许误差或准确度等级或量值的不确定度等技术指标,在相关量值的国家计量检定系统表中找到相应的部分,国家计量检定系统表中显示的上一级计量标准或基准,就是所要选择的计量标准或基准。法定计量检定机构进行检定或校准时,应使用经过计量标准考核并取得有效的计量标准考核证书的计量标准。

(2)仪器设备的配置要求

进行检定时要按照检定规程中检定条件对计量基准、计量标准和配套设备的规定,进行校准时要按照校准规范中校准条件对计量基准、计量标准和配套设备的规定,进行型式评价时要按照型式评价大纲对仪器设备的规定,进行定量包装商品净含量检验时要按照检验规则中不同种类商品净含量检验设备的规定,配备相应的仪器设备,以使检定、校准、检测工作正确实施。所配备的仪器设备应满足规程、规范、大纲、检验规则的准确度要求和其他功能要求,经过检定、校准,并有在有效期内的检定、校准证书,贴有表明检定、校准状态的标识。

4. 检定、校准、检测环境条件的控制

要达到检定、校准、检测结果的准确可靠,适合的环境条件是必不可少的。因为很多计量标准器具复现的量值,要在一定的温度湿度电压气压下才能保证达到规定的准确度。有些检定或校准结果要根据环境条件的参数进行修正。而有的干扰,如电磁波、噪声、振动、灰尘等,如不加以控制,将严重影响检定、校准结果的准确性。因此必须对实验室的照明、电源、温度、湿度、气压、灰尘、电磁干扰、噪声、振动等环境条件进行监测和控制。在各种计量器具的检定规程校准规范检测方法文件中都分别规定了相应的环境条件要求检定、校准和检测实验室或实验场地要分别满足不同的检定、校准和检测项目的不同环境要求。

为了达到环境条件要求,就要配备监视和控制环境的设备。监视设备如温度计、湿度

计、气压表、照度计、声级计、场强计、电压表等,应经过检定、校准,在有效期内使用。被这些仪表监视的场所要进行环境参数记录。当发现环境参数偏离要求时,必须有控制环境的设备对环境进行调整,使之保持在所要求的范围之内。进行检定、校准和检测之前,以及进行过程中都应查看监视仪表,确认仪表所显示的环境参数满足要求时才可以工作。在检定、校准和检测的原始记录上如实记录当时的环境参数数据。若环境未满足规程、规范等文件规定的要求,应停止工作,用控制设备对环境进行调控,直至环境条件要求得到满足后才可继续进行检定、校准和检测的操作。

有些不同项目的实验条件是互相冲突的。例如,天平在工作时要求没有振动,而检定或校准振动测量仪器所产生的强烈振动会对天平造成很大影响。再如,温度计检定时用来提供温场的油槽会使实验室温度升高,这时需要恒温条件的检定、校准工作就会无法进行。这些互不相容的项目不能在一起工作,必须采取措施使之有效隔离。

有的检定、校准项目在实验进行时对环境条件的要求很高,特别是检定或校准准确度特别高的计量标准器具时,空气的流动,人员的走动,温度的微小变化,声音的影响等,直接关系到检定、校准的质量。在进行这类检定、校准时要特别注意控制和保持环境的稳定,当实验正在进行时不得开门出入,控制实验室内不能容纳与实验无关的人员等。

5. 检定、校准、检测原始记录

在依据规程、规范、大纲、规则等技术文件规定的项目和方法进行检定、校准或检测时,应将检定、校准、检测对象的名称、编号、型号规格、原始状态、外观特征,测量过程中使用的仪器设备,检定、校准或检测的日期和人员、当时的环境参数值,计量标准器提供的标准值和所获得的每一个被测数据,对数据的计算、处理,以及合格与否的判断,测量结果的不确定度等一一记录下来。这些记录的信息都是在实验当时根据真实的情况记录的,是每一次检定或校准或检测的最原始的信息,这就是检定、校准和检测的原始记录。

检定或校准或检测的结果和证书、报告都来自这些原始记录,其所承担的法律责任也是来自这些原始记录。因此原始记录的地位十分重要,它必须满足以下要求。

一是真实性要求。原始记录必须是当时记录的.不能事后追记或补记.也不能以重新抄过的记录代替原始记录。必须记录客观事实、直接观察到的现象、读取的数据,不得虚构记录,伪造数据。

二是信息量要求。原始记录必须包含足够的信息,包括各种影响测量结果不确定度的因素在内,以保证检定或校准或检测实验能够在尽可能与原来接近的条件下复现。例如,使用的计量标准器具和其他仪器设备,测量项目,测量次数,每次测量的数据,环境参数值,数据的计算处理过程,测量结果的不确定度及相关信息,检定、校准、检测和核验、审核人员等。

为达到上述要求,需注意以下方面。

(1)记录格式

原始记录不应记在白纸.或只有通用格式的纸上。应为每一种计量器具或测量仪器的检定（或校准、检测）分别设计适合的原始记录格式。原始记录的格式要满足规程或规范等技术文件的要求。需要记录的信息不得事先印制在记录表格上。但可以把可能的结果列出来，采用选择打 J 的方式记录，如：口合格，口不合格。

（2）记录识别

每一种记录格式应有记录格式文件编号，同种记录的每一份上应有记录编号，同一份记录的每一页应有共 X 页、第 X 页的标识，以免混淆。

（3）记录信息

应包括记录的标题，即"XX 计量器具检定（或校准、检测）记录"；被测对象的特征信息，如名称、编号、型号、制造厂、外观检查记录等；检定（或校准、检测）的时间、地点；依据的技术文件名称、编号；使用的计量标准器具和配套设备信息。如设备名称、编号、技术特征、检定或校准状态、使用前检查记录；检定（或校准、检测）的项目，每个项目每次测量时计量标准器提供的标准值或修正值、测得值、平均值、计算出的示值误差等；如经过调整，要记录调整前后的测量数值；测量时的环境参数值，如温度、湿度等；由测量结果得出的结论，关于结果数据的测量不确定度及其置信水平或包含因子的说明；以及根据该记录出具证书（报告）的证书（报告）编号等。

记录的信息要足够，要完整，不能只记录实验的结果数据（如示值误差），不记录计量标准器的标准值和被测仪器示值以及计算过程。

（4）书写要求

记录要使用墨水笔填写，不得用铅笔或其他字迹容易擦掉或变模糊的笔。书写应清晰明了，使用规范的阿拉伯数字、中文简化字、英文和其他文字或数字。术语要与 JJF 1001-2011《通用计量术语及定义》和规程、规范等方法文件中的术语一致。如有超出上述规范、规程的术语，应给予定义。计量单位应按照法定计量单位使用方法和规则书写。记录的内容不得随意涂改，当发现记录错误时，只可以划改，不得将错误的部分擦除或刮去，应用一横杠将错误划掉．在旁边写上正确的内容，并由改动的人在改动处签名或盖章，以示对改动负责。如果是使用计算机存储的记录，在需要修改时，也不能让错误的数据消失，而应该采取同等的措施进行修改。只有在仪器设备与计算机直接相连，测量数据直接输入计算机的情况下，可以将计算机存储的记录作为原始记录。如果是由人工将数据录入计算机的，应以手写的记录为原始记录。

（5）人员签名

原始记录上应有各项检定、校准、检测的执行人员和结果的核验人员的亲笔签名。如果经过抽样的话还应有负责抽样人员的签名。测量结果直接输入计算机的原始记录，可以使用电子签名。

（6）保存管理

由于原始记录是证书、报告的信息来源，是证书、报告所承担法律责任的原始凭证，因此原始记录要保存一定时间,以便有需要时供追溯。应规定原始记录的保存期,保存期的长短根据各类检定、校准、检测的实际需要,由各单位的管理制度规定。在保存期内的原始记录要安全妥善地存放,防止损坏、变质、丢失,要科学地管理,可以方便地检索,同时要做到为顾客保密,维护顾客的合法权益。超过保存期的原始记录,按管理规定办理相关手续后给予销毁。

6. 检定、校准、检测数据处理和结果

(1)数据处理

在检定、校准或检测实验中所获得的数据,应遵循所依据的规程、规范、大纲或规则等方法文件中的要求和方法进行处理,包括数值的计算、换算和计算结果的修约等。

(2)检定结果的评定

按照所依据的检定规程的程序,经过对各项法定要求的检查,包括对示值误差的检查和其他计量性能的检查,判断所得到的结果与法定要求是否符合,全部符合要求的结论为"合格",且根据其达到的准确度等级给以符合 X 等或 X 级的结论。判断合格与否的原则见 JJF 1094—2002《测量仪器特性评定技术规范》。凡检定结果合格的必须按《计量检定印、证管理办法》出具检定证书或加盖检定合格印;不合格的则出具检定结果通知书。

(3)校准结果

校准得到的结果是测量仪器或测量系统的修正值或校准值,以及这些数据的不确定度信息。校准结果也可以是反映其他计量特性的数据,如影响量的作用及其不确定度信息。对于计量标准器具的溯源性校准,可根据国家计量检定系统表的规定做出符合其中哪一级别计量标准的结论。对一般校准服务,只要提供结果数据及其测量不确定度即可。对校准结果,可出具校准证书或校准报告。如果顾客要求依据某技术标准或规范给以符合与否的判断;则应指明符合或不符合该标准或规范的哪些条款。

(4)型式评价结果的评定

依据型式评价大纲,所有的评价项目均符合型式评价大纲要求的为合格,可以建议批准该型式;有不符合型式评价大纲要求的项目为不合格,型式评价报告的总结论为不合格,并建议不批准该型式。

(5)定量包装商品净含量检验结果的评定

依据 JJF 1070—2005《定量包装商品净含量计量检验规则》第 6 章的评定准则,分别对定量包装商品净含量的标注和净含量进行评定,分别得到定量包装商品净含量标注是否合格和净含量是否合格的结论。

(6)检定、校准、检测结果的核验

核验是指当检定、校准、检测人员完成规程、规范规定的程序后,由未参与操作的人员,对整个实验过程进行的审核。核验人员应不低于操作人员所需资格,并且对该项目检定、校准程序熟悉程度不差于操作人员。核验是检定、校准、检测工作中必不可少的一环，是保证结果准确可靠的一项重要措施。承担核验工作的人员必须负起责任，认真审核，不走过场。

核验工作的内容包括：

①对照原始记录检查被测对象的信息是否完整、准确；

②检查依据的规程、规范是否正确，是否为现行有效版本；

③检查使用的计量标准器具和配套设备是否符合规程、规范的规定，是否经过检定、校准并在有效期内；

④检查规程、规范规定的或顾客要求的项目是否都已完成；

⑤对数据计算、换算、修约进行验算；

⑥检定规程规定要复读的，负责复读；

⑦检查结论是否正确；

⑧如有记录的修改，检查所做的修改是否规范，是否有修改人签名或盖章；

⑨检查证书、报告上的信息，特别是测量数据、结果、结论，与原始记录是否一致。如证书中包含意见和解释时，内容是否正确。

核验中，如果对数据或结果有怀疑，应进行追究，查清问题，责成操作人员改正，必要时可要求重做。

经过核验并消除了错误，核验人员在原始记录和证书（或报告）上签名。

7. 检定、校准、检测过程中异常情况的处置

在检定、校准、检测过程中突然发生停电、停水等意外情况时，应立即停止实验，及时采取措施，保护好仪器设备和被测对象。通知维修人员尽快排除故障并恢复正常。对所发生的情况如实记录，对正在进行的实验进行分析，如果对之前取得的实验数据影响不大，在情况恢复正常后，可以继续实验，否则应将整个实验重做。当供电供水等情况恢复正常后，要检查所有设备是否正常，环境条件是否符合要求，在确认仪器设备、环境条件都符合要求后，方可继续工作。

当发生漏水、火灾、有毒或危险品泄漏，以及人身安全等事故时，要冷静，并立即采取应急措施制止事故的扩大和蔓延，必要时切断电源，保护人员和设备安全。对所发生的事故要按管理规定及时报告，不得隐瞒。在有关负责人员的组织下对事故进行处理，分析事故产生的原因，采取纠正措施杜绝事故再次发生的可能。

当由于人员误操作或处置不当，或设备过载等原因，导致设备不正常，或给出可疑的结果时，应立即停止使用该设备，并贴上停用标志。有条件的应将该设备撤离，以防止误用。要检查该设备发生故障之前所做的检定、校准、检测工作，不仅是检查发现问题的这一次，并应检查是否对以前的检定、校准、检测结果产生了影响「对有可能受到影响的检定、校准、检测结果，包括已发出去的证书、报告，都要逐个分析，特别要对测量数据进行分析判断，对有疑问的要坚决追回重新给以检定、校准或检测。有故障的设备要按设备管理规定修复，

重新检定、校准后恢复使用或报废。

四、校准测量能力的评定

校准和测量能力是指"校准实验室在常规条件下能够提供给客户的校准和测量的能力"。校准和测量能力应是在常规条件下的校准中可获得的最小的测量不确定度,通常用包含因子 k 为 2 或包含概率 R 为 0.95 的扩展不确定度表示(JJF 1069—2012)。

对于每一个校准项目,由所采用的方法、使用的设备以及环境条件的影响等决定了其校准结果的不确定度,这就代表了这项校准的测量水平,不确定度越小,表示测量水平越高。同一个校准项目,每一次校准所得到的测量结果不确定度可能是不同的。校准和测量能力指的是最高校准测量水平,是该校准项目,按照校准规范规定的方法.使用符合要求的设备,在满足要求的环境条件下,由合格的人员正确操作,对计量性能正常、稳定性较好的计量器具或测量仪器进行校准时,进行校准结果不确定度评定所得到的包含因子后的扩展不确定度,就是这个校准项目的校准测量能力。

(五) 检定周期和校准间隔的确定

根据 JJF 1139—2005《计量器具检定周期确定原则和方法》第3.6款,检定周期为"按规定的程序.对计量器具进行定期检定的时间间隔"。与检定周期相类似,校准间隔是指上一次校准到下一次校准的时间间隔。科学合理地确定计量器具的检定周期和校准间隔,是为了保证使用中的计量器具准确可靠,减少计量器具失准的风险。

在制定或修订计量检定规程,或对非强制检定计量器具的检定周期进行调整时,应按照 JJF 1139—2005《计量器具检定周期确定原则和方法》执行。当计量器具的使用者需要确定或调整校准间隔时,也应参照 JJF 1139—2005《计量器具检定周期确定原则和方法》确定校准间隔。但在实施强制检定时,按检定规程中规定的检定周期执行,不得随意调整。

六、周期检定(校准)计划的编制

周期检定(校准)计划分为单位内部使用计量器具的周期检定、校准计划和强制检定任务承担机构制订的强制性周期检定计划。

1. 内部周期检定(校准)计划

单位内部使用的全部溯源性要求的计量标准器具、工作计量器具和其他测量仪器都必须编制周期检定、校准计划,并按计划执行。这是保证出具准确可靠数据的根本措施。所有需要周期检定、校准的计量器具应列入"周期检定、校准计划表"。计划表一般包含以下内容: 每一种计量器具的名称、编号、测量范围、反映准确度的技术指标(如准确度等级、最大允许误差或测量不确定度)、检定周期或校准间隔、上一次检定或校准的年月日,下一次检定或校准的年月日、承担检定或校准的单位、使用部门、保管人等。这个表可以利用设备档案数据库生成。

在制订周期检定校准计划时要做到既不超周期使用,又尽可能减少对正常工作的影响。可根据本单位计量器具的数量和工作安排上的需要,合理制订年度计划、月计划。年度计划包括当年所有需要检定或校准的仪器设备。月计划只包括当月需要检定或校准的仪器设备。对于较大的单位还可以分别制订各部门的周期检定、校准计划。除制订"周期检定、校准计划表"外,还应规定制订计划人员的职责,执行计划人员的职责,监督计划实施人员的职责,以及完成各自职责的时限要求和办事程序等。只有这样才能保证周期检定、校准计划得到有效的实施。

2. 强制性周期检定计划

承担强制检定任务的计量技术机构应该将所有向其申请强制检定单位的所有强制检定计量器具编制成强制性周期检定计划。根据各申请单位的强制检定计量器具申报表,按年或按月列出该年或该月有哪些单位的哪些计量器具需要实施强制检定,列成年计划表或月计划表。这个计划表应包含申请单位的有关信息,如单位名称、地址、联系人、电话、传真等,还应包含强制检定计量器具的有关信息,如计量器具名称、测量范围、准确度等级、依据的检定规程名称编号、检定周期、上一次检定年月日、下一次检定年月日、承担任务部门等。强制检定计划也可以按专业分别列出计划表。承担强制检定任务的单位应每年或每月按计划通知申请单位送检或安排到现场检定。

七、计量标准器具和配套的测量仪器的管理

包括标准物质在内的计量标准器具和配套的测量仪器是实施检定、校准的基本条件,只有通过科学管理,才能保证检定、校准结果的准确可靠。对仪器设备的管理是为了使仪器设备完全符合用于检定、校准、检测的规程、规范等技术文件的要求,并且始终处于受控状态。对仪器设备的管理包括购置、验收、建档、检定、校准、正确使用、维护保养、期间核查、修理、报废等环节。各环节需注意以下内容。

1. 仪器设备购置

当需要购置新的仪器设备时应根据规程、规范等技术文件对仪器设备的要求提出采购申请。申请中应包含尽可能详细的仪器设备的信息,如名称、数量、金额、型号规格、测量范围、准确度技术指标、附件、软件,以及质量要求和进行这些工作所依据的管理体系标准和制造厂、销售商的信息等。包括购置申请在内的采购文件在发出之前,其技术内容应该经过审查和批准。采购申请经批准后应对仪器设备的供应商进行评价,并保存评价的记录和获得批准的供应商名单。应选择信誉高、产品质量好、售后服务好的供应商。与供应商签订的技术合同应尽可能详细.应包括申请书中所有技术指标信息。购买国产的计量器具要注意检查制造计量器具许可证标志。购买进口的列入《中华人民共和国进口计量器

现代计量技术与计量管理

具型式审查目录)的计量器具,应经过型式批准.购买标准物质应是经批准的有证标准物质。

2. 仪器设备验收

仪器设备到货后应由经办人员和专业人员共同验收,检查物品是否符合订货合同。对照装箱单检查仪器设备、附件和说明书、合格证、软件载体等随机资料是否齐全。需要通电试验或其他试验手段才能证实的功能,应安排专业人员进行试验,并出具验收检验报告或证书。需要进行检定、校准的,应由有资格的机构给以检定、校准,并出具检定证书或校准证书。对验收情况,包括所有物品的名称、数量、状态、验收检验报告、检定或校准证书都应详细记录,并由参加验收的人员签字确认。如果验收中发现不符合订货合同的情况,应及时与供应商联系,按合同规定进行处理。仪器设备经验收合格后,移交设备保管人保管,设备保管人要办理签收手续,负起保管责任。

3. 仪器设备标识和建档

凡用于检定、校准和检测的仪器设备,包括计量标准器具、标准物质、配套设备、环境监测设备、电源、工具、附件、计算机软件等,都应建立设备档案,对可能做到的给以惟一性标识。

惟一性标识是对本单位仪器设备给以统一的编号。一个编号与一台仪器设备惟一对应。这个编号是单位内部对本单位仪器设备管理的惟一性标识,不是仪器设备的出厂编号。可以考虑本单位管理的需要,在编号中用不同的字母或数字,反映仪器设备的种类(如分为计量标准器具、一般测量仪器)、仪器设备所属的专业(如长度、力学、电学等)、仪器设备的型式(如固定式、便携式)等,再加流水号。惟一性标识应粘贴在机身上,并在仪器设备数据库和其他计算机管理系统中作为仪器设备的代码。

应对每一设备分别建立设备档案。根据设备的复杂程度和影响的重要性,其设备档案可以有不同的要求,但至少应包括仪器设备基本情况的记录(如仪器设备名称、惟一性标识、制造厂名、出厂编号、型号规格、测量范围、最大允许误差或准确度等级等)。根据需要还可包括购置申请、订货合同、验收记录、产品合格证、使用说明书,历年的检定证书、校准证书、使用记录、维护保养记录、损坏故障记录、修理改装记录、保管人变更记录、存放地点变更记录、设备报废记录等。根据需要可建立仪器设备数据库,用计算机管理设备档案。不论采取何种形式,应有专人管理设备档案,并及时更新档案内容,使之能准确反映仪器设备的真实情况。无论是纸质档案还是数据库都应妥善保存,科学管理,便于检索,有借阅规定,保证仪器设备档案的完整和安全。

4. 检定、校准状态标识

有专人或部门对所有仪器设备制订检定校准计划并按规定时间通知仪器设备保管人。由保管人或规定的部门,负责执行仪器设备检定、校准计划,包括送到有资格的机构给以检定、校准,或由本单位相关专业人员给以检定、校准。检定、校准完成后应将检定证书、校准证书归入设备档案。当仪器设备经检定或校准后产生了新的修正值时,仪器设备的使用或保管人员应及时以新的修正值代替旧的修正值,特别要注意使用计算机处理检测数据的相关软件中存储的修正值,要及时得到更新。

应在仪器设备上贴上反映检定、校准状态的状态标识。例如经检定合格的贴检定合格证。状态标识应贴在设备机身显著位置,其内容包含检定、校准的日期及有效期,还可根据需要包含检定或校准机构名称、检定或校准实施人员签名等信息。当前的检定或校准状态标识应覆盖上一次检定或校准状态标识,才能如实反映仪器设备的检定、校准状态。

5. 仪器设备正确使用和维护保养

应由具有规定资质的专业人员按照检定、校准、检测操作程序和设备操作规范,正确地使用仪器设备。每次使用前要对仪器设备进行检查,确认一切正常方可使用。尤其是经过运输,或仪器设备离开保管人控制,返回后更要认真检查。计量标准器具只能用于检定或校准,不能用于其他目的,除非证明其作为计量标准的性能不会失效。用于检定、校准和检测的仪器设备,包括硬件和软件应妥善保护,不得随意调整,以免影响检定、校准和检测结果的准确可靠。如果需要调整时,应按规定的程序执行。

仪器设备要有专人保管,要制订仪器设备的维护保养计划,例如定期的清洁,更换易耗品,润滑等。要认真执行维护保养计划,特别是经常携带到现场使用,或在较恶劣的环境下使用的仪器设备更应加强维护和保养工作。

应做好仪器设备使用记录和维护保养记录,包括发现的问题和采取的措施。有关的使用记录和维护保养计划及记录应定期归入设备档案。

6. 期间核查

为使计量标准持续地保持良好的状态,始终在要求的准确度范围内,在相邻两次检定或校准之间应对计量标准进行期间核查。应针对每一项计量标准制定期间核查的方案,并作为技术文件经审核批准后使用,按受控文件管理。应制订期间核查计划,认真执行,并记录期间核查实施情况及核查结果。

7. 仪器设备的修理、改装和报废

当仪器设备出现异常或损坏时,应立即停止使用,并向有关负责人报告,申请维修。经批准后,由专业人员或仪器设备的售后服务部门给以维修。维修后,使用和保管人员应进行验收。如果维修是涉及仪器设备计量性能的,必须重新检定或校准。维修情况、验收情况、重新检定或校准情况都应如实记录,并由验收人员签名确认。

由于设备本身的缺陷,或根据工作扩展的要求,需要对设备进行改装时,应进行可行性分析,由对技术负责的人员对改装方案给以审核,经批准后执行。改装后要经过检定或校准,方可投入使用。如果是计量标准器具的改装,还应按 JJF 1033-2008《计量标准考核规范》的要求,履行相关手续。

当仪器设备已无法修复,或不适用时,应按规定的程序办理报废手续。报废的仪器设备应移出实验室,并及时给予处理。

八、仲裁检定的实施

仲裁检定是为解决计量纠纷而实施的。计量纠纷一般是由于对计量器具准确度的评价不同，或因为破坏计量器具准确度进行不诚实的测量，或伪造数据等原因，对测量结果发生争执。

政府计量行政部门在受理仲裁检定申请后，应确定仲裁检定的时间地点，指定法定计量检定机构承担仲裁检定任务，并发出仲裁检定通知。纠纷双方在接到通知后，应对与纠纷有关的计量器具实行保全措施，即不允许以任何理由破坏其原始状态。进行仲裁检定应有当事人双方在场，无正当理由拒不到场的，可进行缺席仲裁检定。

仲裁检定必须使用国家基准或社会公用计量标准，依据国家计量检定规程，或政府计量行政部门指定的检定方法文件进行。有些情况下，为使仲裁检定结果更具有说服力，可取国家基准或社会公用计量标准的校准测量能力小于等于被检计量器具最大允许误差绝对值 MPEV 的五分之一。仲裁检定需在规定的时限内完成，出具仲裁检定证书。

当事人一方或双方对一次仲裁检定结果不服的，可向上一级政府计量行政部门申请二次仲裁检定，二次仲裁检定即为终局仲裁检定。如果承担仲裁检定的检定人员有可能影响检定数据公正的应当回避，当事人也有权以口头或书面方式申请其回避。

仲裁检定的结果将作为计量调解的依据，如果是伪造数据，或破坏计量器具准确度造成的纠纷，将作为追究违法行为的证据。

九、比对

1. 比对在量值传递中的作用和组织方式

在规定条件下，对相同准确度等级的同类计量基准、计量标准或工作计量器具的量值进行相互比较，称为比对。比对往往是在缺少更高准确度计量标准的情况下，使测量结果趋向一致的一种手段。

在国际上，比对获得广泛的应用，成为使国际上测量结果一致的主要手段。在国内某些计量领域中，例如电子计量中也较多地采用。比对时，必须通过传递标准作为媒介。比对应具备以下条件。

（1）有发起者，一般是国际上的权威组织（如国际计量局），也可以是某一国家的权威计量研究机构。

（2）确定参加单位，每次比对的参加单位不宜过多。

（3）从参加单位中确定一个主持单位（往往是发起单位），负责比对事宜，主持单位一般是在该领域中技术水平比较领先的单位。

（4）具有计量特性优良的传递标准，特别要具有优良的测量复现性和长期稳定性。传递标准的不确定度应比被比对的计量器具高一些，至少为同一数量级。

（5）由主持单位制订比对计划，确定比对方式、传递标准运行的路线、日期，确定详细的、周到的比对技术方案,确定数据处理办法等。并写成书面文件寄发给参加单位。

2. 比对方式

(1)一字式

一字式比对,由主持单位"( )"先将传递标准在本单位参加比对的计量仪器上进行校准,然后及时地将传递标准、校准数据和校准方式一并送到参加单位"A"。当传递标准操作需很仔细或较复杂时,"O"单位一般派人员到"A"单位,并与"A"单位操作人员一起工作,严格按照"O"单位的操作方法进行,得出校准数据。然后,"( )"单位把传递标准运回,再次在本单位仪器上校准,以考察传递标准经过运输后示值是否发生变化。若变化在允许范围内,则比对有效,"( )"单位可取前后两次的平均值作为"。"单位值,就可算出"( )"、"A"两单位仪器的差异。若差异较大,两个单位可各自检查自己的仪器是否存在系统误差,若找到了,并采取了措施,又可进行第二轮比对。第二轮比对的顺序一般与第一轮相反,即由"A"单位派人员并携带传递标准去"( )"单位,其余相同。

这是最基本的比对方式,国际上经常采用。

(2)环式

环式比对往往适用于为数不多的单位参加,而且传递标准结构比较简单、便于搬运。一般主持单位不必派人去,只要把传递标准及校准的数据、方法寄到"A"单位。"A"单位将传递标准在本单位计量器具(或计量标准)校准后,把校准数据寄给"。"单位,而将传递标准及"。"单位校准的数据及方法寄到"B"单位。以下依次类推,最后传递标准返回到"。"单位时,"( )"单位必须复检,以验证传递标准示值变化是否正常。采用这种比对方式时,因为经过一圈循环,时间较长,比对结果中往往会引入由于传递标准的不稳定而引起的误差,而且传递标准经过多次装卸运输,损坏几率较高,往往会导致比对的失败。

比对结果由主持单位整理,并寄发各参加单位,各参加单位不仅可知道与主持单位间的差值,也可知道与其他参加单位之间的间接差值。

(3)连环式

当参加比对单位较多时,可采用连环式,这时必须有两套传递标准,其余同环式。

(4)花瓣式

即由三个小的环式所组成,需要三套传递标准,优点是可缩短比对周期。

(5)星式

主持单位需同时发出五套传递标准。星式的优点是比对周期短,即使某一个传递标准损坏,也只影响一个单位的比对结果。缺点是所需传递标准多,主持单位的工作量大。

各种比对方式,都存在一定的优缺点,可视具体情况而采用。

3. 比对的应用

（1）国际比对

很多导出单位的物理量或非物理量，国际上没有建立公认的国际计量基准。各国的计量基准的原理和结构往往是不完全相同的，在分析误差时，可能未将某些系统误差考虑进去，或者结构上出现缺陷而未被发觉，因此造成各国间的测量结果的不一致。为了谋求国际上测量结果的统一，经常组织国际比对是有效的途径。

这种国际比对，国际计量组织可以发起，各国的国家计量研究机构也可以发起。可以进行全球性比对，也可以进行区域性比对，甚至进行两国之间的比对。

（2）准确度旁证

当研制一台计量基准或计量标准时，仅靠误差分析来确定其准确度是不够的，因为这还不足以证明其误差分析是否周全、结构是否完好。当缺乏准确度更高的计量器具检定（或校准）时，则必须借助于几种工作原理或结构不同的、准确度等级相同或稍低一些的计量器具进行比对以资旁证。如果获得的一系列的旁证符合偏移足够小的高斯分布规律，则证明所研制的计量基准或计量标准的准确度是可靠的。

（3）临时统一量值

当某一个量尚未建立国家计量基准，而国内又有若干个单位持有同等级准确度的计量标准时，可用比对的方法临时统一国内量值。具体的作法与国际比对相似。若比对的计量标准的稳定性、复现性均很好，而且比对结果表明具有不大的系统误差时，则可采取这几台计量标准的平均值作为约定真值，以对每台计量标准给出修正值。这样，实质上就等于把参加比对的几台计量标准作为临时基准组了。

这里应注意的一点是，如这几台计量标准是用一制造厂生产的同一型号仪器，则比对结果往往发现不了其系统误差，因此不宜作为临时基准组。

第五章　测量误差与测量不确定度

第一节　测量误差

一、测量误差的基本概念

测量误差是指由测量赋予的被测量之值与被测量的真值之差。但是被测量的真值是无法准确得到的,虽然科技在不断发展,测量手段和测量方法不断改进,所确定的真值也只能是更接近客观存在的真值。因此通常所说的真值,实际上是约定真值。

在实际计量中,上一级的测量标准所复现的量值对下一级的测量标准,或测量标准所复现的量值对被测量来说,视为约定真值,也称为指定值或参考值(曾称为标准值);在多次重复测量中,有时也用多次测量的算术平均值作为约定真值。

(一) 绝对误差

测量误差有时称为测量的绝对误差。当用 Δx 表示绝对误差时, Δx 与是测量结果 x 与被测量的真值 x_0 之差,即

$$\Delta x = x - x_0 \qquad\qquad 5\text{-}1)$$

当 Δx 正时, 称为正误差; 当 Δx 为负时, 称为负误差。由于气不能确定, 所以测量误差 Δx 是个理想的值, 实际上常用指定值或多次测量的算术平均值(即约定真值)作为 x_0 的估计值, 得到的是 Δx 的估计值。从定义上可知, 得到的 Δx 估计值, 通常是有量纲和正或负符号的量值。

(二) 相对误差

相对误差是绝对误差(即测量误差)除以被测量的真值,即

$$\delta_x = \frac{\Delta x}{x_0} = \frac{x - x_0}{x_0} \qquad (5-2)$$

相对误差通常以百分数表示,应是量纲一的量或是无量纲但有正或负符号的数值。

$$\delta_x = \frac{\Delta x}{x_0} \times 100\% \qquad 5-3)$$

由于被测量的真值 x_0 不能确定,通常用约定真值,所以相对误差 δ_x 也是理想的值,实际得到的是其估计值。

当真值的指定值为被测量的标称值时,此时得到的相对误差可称为标称相对误差。

(三) 分贝误差

分贝误差实际上是相对误差的另一种表示形式。

分贝的定义(对于电压和电流等)是

$$D = 20\lg x \qquad (5-4)$$

设 $x = U_2/U_1$,U_1、U_2 为电压。若 x 有误差 Δx,则 D 也有一相应的误差 ΔD,即

$$D + \Delta D = 20\lg(x + \Delta x)$$

于是分贝误差为

$$\Delta D = 20\lg\left(1 + \frac{\Delta x}{x}\right) \qquad 5-5)$$

由式 (5-5) 可得

$$\Delta D = 8.69\frac{\Delta x}{x} \qquad (5-6)$$

或

$$\frac{\Delta x}{x} \approx 0.1151\Delta D \qquad (5-7)$$

上述分贝误差是对电压而言;若对功率 P 讲,则

$$D = 10\lg\frac{P_2}{P_1} = 10\lg x$$

$$\Delta D = 10\lg\left(1 + \frac{\Delta x}{x}\right)$$

另外,在实际工作中,有时用分贝来表示信号电平。为此,必须确定一个基础电平,即所谓的零电平。在电信号中,零电平一般取为 1mW 的耗散功率(P)在 600Ω 的纯电阻(R)上所产生的电压降,即

$$U_0=\sqrt{PR}=\sqrt{(0.001\text{ W}\times600\Omega)}\approx0.7746\text{ V}$$

于是,用分贝来表示信号电平的公式为

$$D=20\lg\frac{U}{0.7746}(\text{dB}) \tag{5-8}$$

表 5-1 所列的便是根据式(5-8)计算的电压—分贝值。

表 5-1　电压 – 分贝值

V	0.001	0.005	0.01	0.05	0.1	0.5	0.7746
dB 值	-58	-44	-38	-24	-18	-3.3	0
V	1	5	10	15	20	25	30
dB 值	2.3	16	22	26	28	30	32

另外,也可取 1μV 为零电平(如测量接收机)。此时,应予以注明。

(四) 引用误差

引用误差是测量仪器示值的绝对误差与仪器的特定值之比,即

$$\delta_{x_{\text{lim}}}=\frac{\Delta x}{x_{\text{lim}}}\times100\% \tag{5-9}$$

特定值一般称为引用值,通常是指测量仪器的满刻度值或标称范围的上限。

引用误差也是一种相对误差,一般用于连续刻度的多档仪表,特别是电工仪表,引用误差常用来作为这些仪表的准确度等级标志。

如某电表的引用误差小于或等于 1.5%,该电表准确度等级为 1.5 级。

二、系统误差

(一) 系统误差的概念

在对同一量进行多次测量的过程中,对每个测得值的误差保持恒定或以可预知方式变化的测量误差称为系统误差。

许多系统误差可通过实验确定(或根据实验方法、手段的特性估算出来)并加以修正。但有时由于对某些系统误差的认识不足或没有相应的手段予以充分确定,而不能修正,此时通常可估计未消除系统误差的界限。

系统误差与测量次数无关,也不能用增加测量次数的方法使其消除或减小。

系统误差按其呈现特征可分为常值系统误差和变值系统误差;而变值系统误差又可分为累积的、周期的和按复杂规律变化的系统误差。

常值系统误差是指在测量过程中绝对值和正负号始终不变的误差。

累积系统误差是指在测量过程中按一定速率逐步增大或减小的误差。例如,由于蓄电

池或电池组(在正常工作区间)的电压缓慢而均匀地变化所产生的误差。

周期性系统误差是指在测量过程中周期性变化的误差。如,由度盘偏心所引起的误差。

按复杂规律变化的系统误差则是指在测量过程中按复杂规律变化的误差,一般可用曲线或公式来表示。例如,电能表的误差。

系统误差按其本质被定义为在重复条件下,对同一被测量进行无限多次测量所得结果的平均值与被测量的真值之差。实际上由于真值不能确定和有限次测量的缘故,系统误差并不能完全获知,得到的也是估计值。对测量仪器而言,是测量仪器的"偏移",通常用适当次数重复测量的示值误差的平均值来估计。

(二)系统误差的产生

系统误差通常来源于影响量,常见的有如下几个来源。

①装置误差。测量装置本身的结构、工艺、调整以及磨损、老化或故障等所引起的误差。

②环境误差。环境的各种条件,如温度、湿度、气压、电场、磁场等引起的误差。

③方法(或理论)误差。测量方法(或理论)不十分完备,特别是忽略和简化等所引起的误差。

④人员误差。由于测量者的技术水平、个性、生理特点或习惯等所造成的误差。当然,若是自动测试,则不存在该项误差。

(三)系统误差的抵偿

系统误差不能完全被认知,因而也不能完全被消除,但可以采用下列一些基本方法进行抵偿或减小。

①测量前设法消除可能消除的误差源。

②测量过程中采用适当的实验方法,如替代法、补偿法、对称法等,将系统误差消除。

a.替代法:用与被测量对象处于相同条件下的已知量来替代被测量,即先将被测量接入测试回路,使系统处于某个工作状态,然后以已知量替代之,并使系统的工作状态保持不变。例如,利用电桥测量电阻、电感和电容等。

b.补偿法:通过两次不同的测量,使测量值的误差具有相反的符号,然后取平均值。例如,用正反向二次测量来消除热电转换器的直流正反向差。

c.对称法:当被测量为某量(如时间)的线性函数时,距相等的间隔依次进行数次测量(至少三次),则其中任何一对的对称观测值累积误差的平均值皆等于与两次观测的间隔中点相对应的累积误差 τ,即

$$\frac{\tau_1 + \tau_3}{2} = \frac{\tau_2 + \tau_4}{2} = \tau$$

利用对称性便可将线性累积系统误差消除。

例如,利用对称法来消除由于电池组的电压下降而在直流电位差计中引起的累积系

统误差。事实表明,在一定的时间内,电池组的电压下降所产生的误差是与时间成正比的线性系统误差。

③通过适当的计算对测量结果引入可能的修正量。

④通过若干人的重复测量取平均来消除人员操作差异引入的误差。

需要指出,在具体测量中,往往很难将系统误差完全消除。因此应力求比较确切地给出残余系统误差的范围,即未消除的系统误差限。

三、随机误差

(一)随机误差的概念

在同一量的多次测量过程中,每个测得值的误差以不可预知方式变化,就整体而言却服从一定统计规律的测量误差称为随机误差。

随机误差是由尚未被认识和控制的规律或因素所导致的影响量的变化,引起被测量重复观测值的变化,故而不能修正,也不能消除,只能根据其本身存在的某种统计规律用增加测量次数的方法加以限制和减小。

(二)随机误差研究的理论基础

概率论是研究随机现象的数量规律的科学。它是建立在随机事件的一系列基本概念和定义的基础之上的。

为了研究自然界的各种现象,需要进行大量的观察、实验和测量。观察是所有科学研究的基础,在观察时,被观察的对象所呈现的特征可以是质的,也可以是量的,而量值的确定只能通过测量。测量是为确定量值而进行的一组操作。实现每一个规定的观察、实验和测量统称为试验,每一个试验的结果构成一个事件。进行试验的各种条件之总和称为条件组。在一定的条件组下进行同一个试验,可能出现也可能不出现的事件叫随机事件。

实践表明,在相同条件下进行大量的试验,可以得到相当稳定的规律性。这就是将概率论和数理统计方法应用于处理大量观测结果的基础。

(三)随机误差的基本性质

事实表明,大量的观测结果皆服从正态分布。服从正态分布的随机误差具有下列基本统计规律性。

①正态分布的一系列观测结果,给定概率P的随机误差的绝对值不超出一定的范围,即所谓的有界性。

②当测量次数足够多时,绝对值相等的正误差与负误差出现的概率相同,测得值是以它们的算术平均值为中心对称分布,即所谓的对称性。

③3当观测次数无限增加时,所有误差的代数和,误差的算术平均值的极限趋于零,

即所谓的抵偿性。

④一系列测得值以它们的算术平均值为中心而相对集中地分布,绝对值小的误差比绝对值大的误差出现的机会多,即所谓的单峰性。

应该说明,上述性质是对常见正态分布类测量进行大量实验的统计结果。其中的有界性、对称性和单峰性不一定对所有的误差都存在,而抵偿性是随机误差的最本质特征。

(四) 随机误差的表示方式

随机误差定义为:测量结果与在重复性条件下,对同一被测量进行无限多次测量所得结果的平均值之差。由这个定义知,随机误差等于测量误差减去系统误差。测量误差等于系统误差和随机误差之代数和。由于测量只能进行有限次数,故可能确定的只是随机误差的估计值。

与随机误差的概念有关的表示方式还有以下几种,都曾在不同场合采用过。

1. 方均根误差

方均根误差是测量值与真值偏差的平方和除以测量次数几再取平方根。通常由于测量只能进行有限次数,因此有限次测量时方均根误差 σ 的表达式应为

$$\sigma = \sqrt{\frac{\sum_{i=1}^{n} v_i^2}{n-1}} \tag{5-10}$$

式中 v_i —— 第 Z 次测量值与算术平均值的偏差,称残余误差或残差;

n —— 测量次数。

$$v_i = x_i - \overline{x}$$

式中 $\overline{x}$ —— n 次测量值的算术平均值,$\overline{x} = \frac{1}{n}\sum_{i=1}^{n} x_i$。

x_i —— 第 i 次测量值。

σ 所表征的是一个被测量的 n 次测量列所得结果的分散性,故称为测量列中单次测量的标准差。

如果在相同条件下对同一量值做多组重复的系列测量,每一系列测量都有一个算术平均值,由于随机误差的存在,各个测量列的算术平均值也不相同,它们围绕着被测量的总体均值有一定的分散性,此分散性说明了算术平均值的不可靠性。算术平均值的标准差则是表征同一被测量的各个独立测量列算术平均值分散性的参数,可作为算术平均值不可靠性的评定标准。

由推导可知,在 n 次测量的等精度测量列中,算术平均值的标准差为单次测量标准差的 $1/\sqrt{n}$。测量次数 n 越大,算术平均值越接近被测量的总体均值,测量准确度也越高。这就是我们通常取多次测量的平均值作为结果的原因。但是测量次数几值的增大必须付出较大的成本,当测量次数 $n > 10$ 时,随 n 值的增大,算术平均值的标准差变化不大,因此

一般测量次数取 $n=10$ 以内较为适宜。可见，要提高测量准确度，应采用较高准确度的测量仪器并选用适当的测量次数。

统计上允许的合理误差极限一般为 $\pm3\sigma$。

2. 平均误差

$$\overline{\Delta} = \frac{\sum\limits_{i=1}^{n}|v_i|}{n} \tag{5-11}$$

该误差形式的缺点是无法体现各次测量值之间的离散情况，因为不管离散大小，都可能有相同的平均误差。

3. 或然误差

在一组测量中，测量值的误差在 $-\gamma \sim 0$ 之间的次数与在 $0 \sim +\gamma$ 之间的次数相等，即

$$P(|\Delta|_{,} \gamma) = \frac{1}{2} \tag{5-12}$$

则 γ 便称为或然误差。

根据定义，或然误差的求法是：将一组 n 个测量值的残差分别取绝对值按大小依次排列，如果 n 为奇数，则取中间者；如果 n 为偶数，是取最靠近中间的两者的平均值，故 γ 又称为中值误差。

标准差与平均误差、或然误差有如下关系：

$$\overline{\Delta} = 0.7979\sigma \approx \frac{4}{5}\sigma \tag{5-13}$$

$$\gamma = 0.6745\sigma \approx \frac{2}{3}\sigma \tag{5-14}$$

4. 范围误差

一系列测量中的最大值与最小值之差，即误差限（范围）。

显然，该误差只反映了误差限，而并没有反映测量次数的影响，体现不了误差的随机性及其概率。

上述误差的各种表示形式，有的已不多用，甚至基本不用，最常用的是标准差，并已成为测量结果的标准不确定度的表征量。

四、测量误差的传递

（一）间接测量的误差

在实际工作中，经常会遇到间接测量，即根据一些直接测量的结果按一定的关系式去求得被测量的量。于是，便出现了关于间接测量的误差问题。

为了简便，设各项误差都是相互独立的，即不相关的；否则便需要引进所谓的相关系数。对于一般的测量误差，通常皆可按独立误差处理。

设间接测量结果 y 由直接测量 x_i 所决定，即

$$y = f(x_1, x_2, \cdots, x_n) = f(x_i)$$

令 Δx_i 为 x_i 的误差，Δy 为 y 的误差，则

$$y + \Delta y = f(x_1 + \Delta x_1, x_2 + \Delta x_2, \cdots, x_n + \Delta x_n)$$

将上式右侧按泰勒级数展开，并略去高次项，于是可得如下的绝对误差和相对误差：

$$\Delta y = \frac{\partial y}{\partial x_1} \Delta x_1 + \frac{\partial y}{\partial x_2} \Delta x_2 + \cdots + \frac{\partial y}{\partial x_n} \Delta x_n = \sum_{i=1}^{n} \frac{\partial y}{\partial x_i} \Delta x_i \tag{5-15}$$

$$\frac{\Delta y}{y} = \sum_{i=1}^{n} \frac{\partial y}{\partial x_i} \times \frac{\Delta x_i}{y} \tag{5-16}$$

(二) 测量误差的合成

在实际计量测试中，对一个被测量来说，往往可能有许多因素引入若干项误差，应将所有误差合理地合成起来。

比较常见的测量误差合成方法有下列几种。这里，为了简便，设各项误差是彼此独立的。其实，通常的测量误差，往往都可看成是不相关的，即相互独立的。

1. 代数和法

将所有误差取代数和：

$$e = \sum_{i=1}^{n} e_i$$

式中 e——合成误差；

e_i——分项误差；

n——误差的项数。

2. 绝对值和法

将所有误差按绝对值取和，即

$$e = \sum_{i=1}^{n} |e_i|$$

该法完全没考虑误差间的抵偿，是最保守的，但也是最稳妥的。

3. 方和根法

取所有误差的方和根，即

$$e = \sqrt{\sum_{i=1}^{n} e_i^2}$$

该法充分考虑了各项误差之间的抵偿，对随机性的误差，较为合理，也比较简单。但

当误差项较少时,可能与实际偏离较大,合成误差估算值偏低。

4. 广义方和根法

将所有误差分别除以相应的置信系数 k_i,再取方和根,并乘以总置信系数 k 即

$$e = k \sqrt{\sum_{i=1}^{n} \left(e_i / k_i \right)^2}$$

该法考虑了各随机误差的具体分布,具有通用性和合理性。但需要事先确定与误差相应的置信系数,往往比较麻烦。

上述的各种测量误差的合成方法,在具体应用时,必须根据各分项误差性质与大小,酌情而定。

(三) 微小误差准则

在做误差合成时,有时误差项较多,同时它们的性质和分布又不尽相同,估算起来相当烦琐。如果各误差的大小相差比较悬殊,而且小误差项的数目又不多的话,则在一定的条件下,可将小误差忽略不计。该条件称为微小误差准则。

1. 系统误差的微小误差准则

系统误差合成时,设其中第 k 项误差 e_k 为微小误差。根据有效数字的规则,当总的误差 e 取一位有效数字时,若 $e_k = (0.05 \sim 0.1)e$,则 e_k 便可忽略不计;当总的误差 e 取二位有效数字时,若 $e_k < (0.005 \sim 0.01)e$,则 e_k 便可忽略不计。

2. 随机误差的微小误差准则

随机误差合成时,设其中第 k 项误差 e_k 为微小误差,并令 $e^2 - e_k^2 = (e')^2$。根据有效数字的规则,当总的误差 e 取一位有效数字时,有

$$e - e' < (0.05 \sim 0.1)e$$

$$e' > (0.9 \sim 0.95)e$$

$$(e')^2 > (0.81 \sim 0.9025)e^2$$

$$e^2 - (e')^2 = e_k^2 < (0.0975 \sim 0.19)e^2$$

于是

$$e_k < (0.436 \sim 0.312)e$$

或近似地取

$$e_k < (0.4 \sim 0.3)e$$

即当某分项误差 e_k 约小于总误差 e 的 1/3 时, 便可忽略不计。

当总的误差 e 取二位有效数字时, 有

$$e - e' < (0.005 \sim 0.01)e$$

最后可得

$$e_k = (0.14 \sim 0.1)e$$

即当某分项误差 e_k 约比总的误差 e 小一个数量级时, 便可将其忽略。

第二节　数据处理与修约

一、异常值的判定和剔除

在一列重复测量数据中, 如有个别数据与其他的有明显差异, 则它们很可能含有粗大误差(简称粗差), 称其为可疑数据。根据随机误差理论, 出现大误差的概率虽小, 但也是可能的。因此如果不恰当地剔除含大误差的数据, 会造成测量分散性偏小的假象。反之, 如果对混有粗大误差的数据, 即异常值, 未加剔除, 必然会造成测量分散性偏大的后果。以上两种情况都严重影响对云的估计。因此对数据中异常值的正确判断与处理, 是获得客观的测量结果的一个重要保障。

在测量过程中, 确实是因读错记错数据, 仪器的突然故障, 或外界条件的突变等异常情况引起的异常值, 一经发现, 就应在记录中除去, 但需注明原因。这种从技术上和物理上找出产生异常值的原因, 是发现和剔除粗大误差的首要方法。有时, 在测量完成后也不能确知数据中是否含有粗大误差, 这时可采用统计的方法进行判别。统计法的基本思想是: 给定一个显著性水平, 按一定分布确定一个临界值, 凡超过这个界限的误差, 就认为它不属于随机误差的范畴, 而是粗大误差, 该数据应予以剔除。

以下三个常用的统计判断准则, 它们都仅用于对正态或近似正态的样本数据的判断处理。

(一) 3σ 准则

3σ 准则又称拉依达准则, 它是以测量次数充分大为前提。实际测量中, 常以 Bessel 公式算得的 s 代替 σ, 以 $\bar{x}$ 代替真值。对某个可疑数据 x_d, 若其残差满足

$$|v_d| = |x_d - \bar{x}|..\mathbf{3} \tag{5-17}$$

则剔除 x_d。

利用式（5-29）容易说明，在 $n \leqslant 10$ 的情况下，用 3σ 准则剔除粗差注定失效。因此在测量次数较少时，不宜用此准则。事实上，由 $\sum (x_i - \overline{x})^2 = (n-1)s^2$ 易得

$$|x_d - \overline{x}|_n \sqrt{\sum (x_i - \overline{x})^2} = \sqrt{(n-1)s^2}$$

取 $n \leqslant 10$，即有 $|x_d - \overline{x}|,,3s$ 成立，与原假设式（5-40）矛盾。故 3σ 准则要在远大于 10 的情形才适用，一般是在 $n > 50$ 情形才用它。

（二）格拉布斯（Grubbs）准则

1950 年 Grubbs 根据顺序统计量的某种分布规律提出一种判别粗差的准则。1974 年我国有人用电子计算机做过统计模拟试验，与其他几个准则相比，对样本中仅混入一个异常值的情况，用 Grubbs 准则检验的功效最高。

设正态独立测量的一个样本为 $x_1, x_2 \ldots, x_n$，对其中的一个可疑数据 x_d（当然它与 $\overline{x}$ 的残差绝对值最大）构造统计量

$$\frac{x_d - \overline{x}}{s}$$

Grubbs 导出了它的理论分布。选定显著性水平（相当于犯"弃真"错误的概率）α，通常取 0.05 或 0.01，求得符合下式的临界值 $G(\alpha, n)$

$$P\left[\frac{|\overline{x}_d - \overline{x}|}{s} .. G(\alpha, n) \right] = \alpha$$

因此有如下的判别准则（称为格拉布斯准则）：
若

$$|x_d - \overline{x}| .. G(\alpha, n)s$$

$$\overline{x} = \frac{1}{n} \sum_i x_i \quad \text{x} = —\wedge;$$

$$s = \sqrt{\frac{1}{n-1} \sum_i (x_i - \overline{x})^2} 。$$

则数据 x_d 含有粗差，应予剔除；否则，应予保留。可疑数据 x_d 也应一并加入计算。

（三）狄克逊（Dixon）准则

1950 年 Dixon 提出另一种无须估算 $\overline{x}$ 和 s 的方法，它是根据测量数据按大小排列后的顺序差来判别粗差，有人指出，用狄克逊（Dixon）准则判断样本数据中混有一个以上异常值的情形效果较好。以下介绍一种 Dixon 双侧检验准则。

设正态测量总体的一个样本为 $x_1, x_2 \ldots, x_n$，按大小顺序排列为

$$x_1', x_2', \cdots, x_n'$$

构造检验高端异常值 x_n' 和和低端异常值 x_1' 的统计量，分以下几种情形：

$$r_{10} = \frac{x_n' - x_{n-1}'}{x_n' - x_1'} \quad 与 \quad r_{10}' = \frac{x_2' - x_1'}{x_n' - x_1'} \quad (n=3 \sim 7) \tag{5-18}$$

$$r_{11} = \frac{x_n' - x_{n-1}'}{x_n' - x_2'} \quad 与 \quad r_{11}' = \frac{x_2' - x_1'}{x_{n-1}' - x_1'} \quad (n=8 \sim 10) \tag{5-19}$$

$$r_{21} = \frac{x_n' - x_{n-2}'}{x_n' - x_2'} \quad 与 \quad r_{21}' = \frac{x_3' - x_1'}{x_{n-1}' - x_1'} \quad (n=11 \sim 13) \tag{5-20}$$

$$r_{22} = \frac{x_n' - x_{n-2}''}{x_n' - x_3'} \quad 与 \quad r_{22}' = \frac{x_3' - x_1'}{x_{n-2}' - x_1'} \quad (n=14 \sim 30) \tag{5-21}$$

以上的 r_{10}，r_{10}'，$\cdots r_{22}$，r_{22}' 分别简记为 r_{ij} 和 r_{ij}'。Dixon 导出了它们的概率密度函数。选定显著性水平 α，求得临界值 $D(\alpha, n)$。若

$$r_{ij} > r_{ij}', r_{ij} > D(\alpha, n) \tag{5-22}$$

则判断 x_n' 为为异常值；若

$$r_{ij} < r_{ij}', r_{ij} > D(\alpha, n) \tag{5-23}$$

则判断 x_1' 为异常值；否则，判断没有异常值。Dixon 认为对不同的测量次数，应选用不同的统计量 r_{ij}'，才能收到良好的效果。

根据前人的实践经验，以上三个准则，可以参照如下几点原则选用：

①大样本情形（$n > 50$）用 3σ 准则最简单方便；$30 < n < 50$ 情形，用 Grubbs 准则效果较好；$3 \leqslant n \leqslant 30$ 情形，用 Grubbs 准则适于剔除一个异常值，用 Dixon 准则适用于剔除一个以上异常值。

②在实际应用中，较为精密的场合可选用两三种准则同时判断，若一致认为应当剔除时，则可以比较放心地剔除；当几种方法的判定结果有矛盾时，则应当慎重考虑，通常选择 $a=0.01$，且在可剔与不可剔时，一般以不剔除为妥。

(四) 稳健处理数据方法

在严重偏离正态分布的情况下，目前还没有好的判断粗差准则。这里，建议直接采用稳健估计的算法来进行数据处理其中一种常用的方法是取 a 截尾均值,截尾系数常取 0.1，如确认无可疑数据则截尾系数取 0，即为取通常的算术平均值。采用稳健估计的算法，容易实现对测量数据的自动处理。

假设一组测量数据无显著系统误差，大致服从对称分布，则可按以下步骤处理。

①计算数据的标准偏差 s。

②判别可疑数据

$$|v_i| = |x_i - \overline{x}| .. k_0 ks \tag{5-24}$$

$n \geq 10$ 时，k_o=0.6，k=3；
$n < 10$ 时，k_o=0.7，$k=\sqrt{n-1}$。

③求 a 截尾均值，常取 a=0.1。即

$$\overline{x}_{0.1} = \frac{\sum\limits_{[an]+1}^{n-[an]} x_{(i)}}{(n-2[an])} \tag{5-25}$$

式中 [an]—— 取 an 的整数部分。

无可疑时，a=0 不截尾，用常规的算术均值。

④标准偏差估计：

有可疑时，对残差排序

$$s(\overline{x}_a) = \sqrt{\frac{\sum\limits_{[an]+1}^{n-[an]} v_i^2}{n(n-2[an])}}$$

无可疑时，

$$s(\overline{x}) = \frac{s(x_i)}{\sqrt{n}} = \sqrt{\frac{\sum (x_i - \overline{x})^2}{n(n-1)}} \tag{5-26}$$

二、数字位数与数据修约规则

测量结果是指经测量合理赋予被测量的值。在表示测量结果时，它一般包含两个部分，即最佳估计值部分和测不准部分，前者又称为结果部分，后者又称为不确定度部分。这两部分的数据用多少位数字来表示，多余位数又如何修约，是一个十分重要的问题。数字的位数太多容易使人误认为测量准确度很高；太少则会损失原有的测量准确度。目前修约规则的标准主要有：GB/T 8170—2008《数值修约规则与极限数值的表示和判定》、GB 3101—1993《有关量、单位和符号的一般原则》的附录 B：数的修约规则（参考件）（ISO 80000-1：2009 附件 B）。数值修约规则可归纳为："1"单位修约、"2"单位修约、"5"单位修约（修约间隔中"0"只起定位作用）。

以下简要讨论结果部分和不确定度部分的数字位数及其数据修约的规则。

（一）结果部分数字位数与数据修约

1. 数字位数、有效数字

如果测量结果 Y 的测不准部分数字是某一位上的半个单位，该位到 Y 的左起第一个非零数字一共有 n 位，则称 Y 有 n 位有效数字。在书写不带不确定度的任一数字时，应使左起第一个非零数字一直到最后一个数字为止，都是有效数字。例如，有效数字 0.0045 表示有 2 位有效数字，测不准部分数字是 0.5×10^{-3}，而有效数字 0.004500，则认为测不准部分数字 0.0×10^{-5}。又如，近似数 3400 的测不准部分数字是 0.5×10^2，应写为 34×10^2，而不应写为 3400。

提倡采用科学记数法，可以避免很大和很小的数在末端和首端 0 写得过多，即可以采用 $a \times 10_m$ 写法，其中 $0.1 \leqslant a < 1$ 或 $1 \leqslant a < 10$，而 m 为整数。注意到，国际单位制 SI 单位的倍数单位(含分数单位)的因数在很大或很小时取 10^{3m}，故通常量的数值写成 $(0.1 \sim 1000) \times 10^{3m}$，如 0.0045 写成 4.5×10-3，0.004500 写成 4.500×10-3，34×102 写成 3.4×103，又如，0.1234 写成 123.4×10-3 等。

在计量工作中，检定结果一般应带上不确定度，否则认为检定结果数字是有效数字。在数据运算中，中间的计算位数可适当多取几位。

2. 数据修约

（1）数据保留位数规则

测量结果中，最末一位有效数字取到哪一位，是由测量误差决定的，即最末一位有效数字应与测量误差是同一量级。例如，用千分尺测长时，其测量最大允许误差只能达到 0.01mm，若测出长度 $L=20.531$mm，显然小数点后第二位数字已不可靠，此时只应保留小数点后第二位数字，即写成 $L=20.53$mm，为四位有效位数。因此上述测量结果可表示为，$L=(20.53 \pm 0.01)$mm。在比较重要的测量场合，测量结果部分和测不准部分数字可以比上述原则多取一位数字，测量结果表示为 $L=(20.531 \pm 0.015)$mm。

（2）数字舍入规则

对于测量结果部分多余的数字应按"四舍六入，逢五为偶"的原则进行修约。GB/T 8170—2008《数值修约规则与极限数值的表示和判定》规定的"数字修约规则"如下。

1）舍弃的数字段中，首位数字（最左一位数字）大于 5，则保留的数字末位进 1。

2）舍弃的数字段中，首位数字（最左一位数字）小于 5，则舍去，保留的数字末位不进 1。

3）舍弃的数字段中，首位数字（最左一位数字）等于 5，而 5 右边的其他舍弃位不都是 0 时，则保留的数字段末位进 1。

4）舍弃的数字段中，首位数字（最左一位数字）等于 5，5 右边的其他舍弃位都是 0 时，则将保留的数字段末位变成偶数；即：当保留数字的末位是奇数（1，3，5，7，9）时，则进 1 变偶（即保留数字的末位数字加 1）；若所保留的末位数字为偶数（0，2，4，6，8）时，则保持不变。

（3）数据运算规则

在近似数运算中，所有参与运算的数据，在有效数字后可多保留一位以上数字，称为安全数字。在采用高位数的电子计算机运算时，可以不计较中间运算位数的舍入，只在运算出最后结果时，再按数据保留位数规则和数字舍入规则对多余位数的数字进行修约。

（二）测量不确定度的数字位数与数据修约

1. 测量不确定度的有效数字位数

在报告测量结果时，不确定度 U 或 $u_c(y)$ 都只能是（1 ~ 2）位有效数字。也就是说，报告的测量不确定度最多为 2 位有效数字。

例如国际上 2005 年公布的相对原子质量，给出的测量不确定度只有一位有效数字；2006 年公布的物理常量，给出的测量不确定度均是二位有效数字。在不确定度计算过程中可以适当多保留几位数字，以避免中间运算过程的修约误差影响到最后报告的不确定度。

最终报告测量不确定度有效位数取一位还是两位？这主要取决于修约误差限的绝对值占测量不确定度的比例大小。经修约后近似值的误差限称修约误差限，有时简称修约误差。

例如：U=0.1mm，则修约误差为 ±0.05mm，修约误差的绝对值占不确定度的比例为50%；而取二位有效数字 U=0.13mm，则修约误差限为 ±0.005mm，修约误差的绝对值占不确定度的比例为 3.8%。

一般建议：当第 1 位（即首位）有效数字是 1 或 2 时，应保留 2 位有效数字。除此之外，对测量要求不高的情况可以保留 1 位有效数字。测量要求较高时，一般取二位有效数字。

2. 测量不确定度的数字修约规则

①通用的数字修约规则，通用的修约规则是依据 GB/T 8170—2008《数值修约规则与极限数值的表示和判定》，我们可以简单地记成："四舍六入，逢五取偶"。

报告测量不确定度时按通用规则进行数字修约，例如：

u_c0.568mV，应写成 u_c=0.57mV 或 u_c=0.6mV；

u_c=0.561mV，应写成 u_c=0.56mV；

U=10.5nm，应写成 U=10nm；

U=10.5001nm，应写成 U=11nm；

$U=11.5\times10^{-5}$ 取二位有效数字，应写成 $U=12\times10^{-5}$；取一位有效数字，应写成 $U=1\times10^{-4}$；

$U=123568\mu A$，取一位有效数字，应写成 $U=1\times10^5\mu A$。

修约的注意事项：不可连续修约，例如：要将 7.691499 修约到四位有效数字，应一次修约为 7.691。若采取 7.691499 → 7.6915 → 7.692 是不对的。

②为了保险起见，也可将不确定度的末位后的数字全都进位而不是舍去。

例如：u_c=10.27mΩ，报告时取二位有效数字，为保险起见可取 u_c=11mΩ。

三、权与加权数据处理

在实际测量中，会遇到不同实验室、不同仪器、不同测量方法或不同时期对同一测量对象所进行的测量，或者在相同测量条件下几组不同测量次数所得的测量结果的综合评定等。本节要讨论如何对这些情形的测量数据综合求得最可信的测量结果及标准差。

(一) 权与加权算术平均值

权是用来表明一个数据在一组数据中占有的相对可信赖程度的数字指标。加在某个数据上的权的数值越大，则说明了此数据所占的比重越重，可信赖程度越高。例如，用卡尺测得某圆形工件直径为 x_1=60.00(01)mm，而用立式测长仪测得的结果是 x_2=60.001(001)mm，因为后者比前者的测量更精确，故在综合这两个数据时，自然认为后者比前者占有较大的比重，对结果施加较大的影响。因此在对这两个数据处理时应考虑加权算术平均：

$$\bar{x}_w = \frac{w_1 x_1 + w_2 x_2}{w_1 + w_2}$$

式中 w_1，w_2——x_1，x_2 的权，而且在本例中 $w_2 > w_1$。

有了权的概念后，可以把传统概念的等精度测量的问题视为等权的测量问题，对多次测量数据按式 (5-28) 估计其最佳结果。而传统概念的不等精度测量的问题应视为不等权测量的问题，对多次测量的数据则应按如下的加权算术平均方式来估计其最佳结果。

$$\bar{x}_w = \frac{\sum\limits_{i=1}^{n} w_i x_i}{\sum\limits_{i=1}^{n} w_i} \tag{5-27}$$

(二) 权的确定与单位权

设测量数据 x_1，x_2，$\cdots$，x_n，待定的权依次为 w_1，w_2，$\cdots$，w_n。形式上，它们是测量次数分别为 n_i 的等精度测量，有

$$w_1 : w_2 : \cdots : w_n = n_1 : n_2 : \cdots : n_n$$

根据式 (5-30) 有

$$n_1 : n_2 : \cdots : n_n = \frac{1}{s_1^2} : \frac{1}{s_2^2} : \cdots : \frac{1}{s_n^2}$$

所以有

$$w_1 : w_2 : \cdots : w_n = \frac{1}{s_1^2} : \frac{1}{s_2^2} : \cdots : \frac{1}{s_n^2}$$

即

$$w_i = \frac{s_0^2}{s_i^2} \qquad (5-28)$$

式中 s_0^2 —— 比例常数。

如果取比例常数

$$s_0^2 = \max\left(s_1^2, \cdots, s_n^2\right)$$

那么有

$$\min\left(w_1, \cdots, w_n\right) = 1$$

由此得到的权 w_i 称为单位化权,记为

$$w_i = \frac{\max\left(s_i^2\right)}{s_i^2} \qquad (5-29)$$

假设其中量 x_i 的权为 w_i,引入新的量

$$y_i = \sqrt{w_i x_i} \qquad (5-30)$$

利用方差的性质,并根据式(5-30),有

$$s_{yi}^2 = w_i s_i^2 = s_0^2$$

按式(5-30)取单位权,恒有

$$w_{yi} = \frac{s_0^2}{s_0^2} = 1$$

用单位权化思想,可将某些不等权的测量问题转化为等权的测量问题处理。例如,对于有些原适合等权数据的系统误差和粗大误差的统计判断准则,只要按式(5-30)处理后,也可用来处理不等权数据。以下用单位权化的方法来估计加权算术平均值的实验标准偏差。

(三)加权算术平均值的实验标准偏差

1. 组内符合公式

根据式(5-29),并对式(5-30)取方差,有

$$s^2(\overline{x}) = \frac{s_0^2}{\sum w_i} = \frac{\sum w_i s_i^2}{n \sum w_i} \tag{5-31}$$

式中把加权平均方差 $\sum w_i s_i^2 / \sum w_i$ 视为"等权"单次测量的方差，除以测量次数 n 后就是加权平均值的方差。实际上，式（5-31）是式（5-30）的推广形式。

2. 组外符合公式

对残差 $v_i = x_i - \overline{x}_w$ 单位权化得

$$v_i' = \sqrt{w_i} v_i = \sqrt{w_i} \left(x_i - \overline{x}_w \right)$$

对等权测量数据 $\sqrt{w_i} x_i$，由贝塞尔公式得

$$s = \sqrt{\frac{\sum v_i'^2}{n-1}} = \sqrt{\frac{\sum w_i v_i^2}{n-1}} \tag{5-32}$$

这是"单次"测量的标准偏差估计式，称为不等权的贝塞尔公式。

为了求得"$\sqrt{w_i}$"次测量的平均值的标准偏差，根据式（5-29），有

$$s_x = \frac{s}{\sqrt{\sum w_i}} = \sqrt{\frac{\sum w_i v_i^2}{(n-1)\sum w_i}} \tag{5-33}$$

实际上，式（5-32）是式（5-29）与（5-30）的推广形式。

式（5-32）与式（5-33）都可用来计算均值标准偏差。根据它们是否与 x_i 有关，分别称为组内和组外符合公式。由于种种原因，例如测值 x_i 可能含有系统误差，或者各个 x_i 的标准偏差给的不正确等，两者的结果常会不一致。特别当组数很少时，显然用贝塞尔公式来估算不可靠，这种情形可用组内符合公式。在有些场合，取大者作为最后测量结果，更为稳当。

另外，需要强调的是最小二乘法是常用于数据处理的一个数学工具。例如，前面提到的算术平均值和加权算术平均值就是根据残差的平方和为最小原则，即最小二乘法原理。

第三节　测量不确定度的评定

一、有效数字与数据修约

（一）有效数字

当用一个数来表示被测量的测量值时，从该数左起第一个非零数字到最末位欠准数

字止,都称为有效数字。显然,最末位数字是估计值,是欠准确的数值,称为可疑数字,其余数字都是准确的。一个数的全部有效数字所占有的位数称为该数的有效位数。

有效数字的准确位是所用仪器最小刻度的所在位,有效数字的欠准位是所用仪器最小刻度之间的估计位。比如用最小刻度为 0.1cm 的量尺测量某物的长度,该物体的长度正好是 35cm,这时该物体测量值的有效数字为 35.00cm,最后一位为最小刻度之间的估计值。

(二) 有效数字的特点

①同一物体用不同精度的仪器进行测量,有效数字的位数是不同的,精度越高,有效数字的位数越多。②有效位数与十进制单位的变换无关。③表示小数点位数的"0"不一定是有效数字。数字左边的"0"不是有效数字,数字中间的"0"和数字尾部的"0"都是有效数字,数字尾部的"0"不能随意舍掉,也不能随意加上。④如果数字过大或过小,可以用科学计数法书写。

(三) 有效数字的运算

有效数字的运算应遵循这样的原则:准确数字之间进行四则运算时,结果仍为准确数字;可疑数字与准确数字或可疑数字之间进行运算时,运算结果为可疑数字;运算中的进位数可视为准确数字。具体的运算有加减乘除等几类:

1. 加减运算

在小数点后所应保留的位数与所有被测量数值中小数点后位数最少的一个相同。

2. 乘除运算

乘除运算结果的有效数字的位数,一般与所有被测量数值中有效数字位数最少的一个相同。

3. 某些常见函数运算

对数函数 $y=\ln.x$ 或 $y=\log.x$ 的的计算结果,其尾数的位数取得与真数的位数相同;指数函数 $y=a^x$ 的有效数字,可与指数的小数点后的位数相同;三角函数按角度的有效位数来定;常数的有效位数可以认为是无限的,运算中应多取 1 位。

(四) 数据修约

在对数据判定应取的有效位数以后,就应当把数据中的多余数字舍弃进行修约。为了尽量减小因舍弃多余数字所引起的误差,应按有效数字修约原则进行修约。数据修约的基本原则是"4 舍 6 入 5 凑偶"。具体做法是:

若判定应舍弃数字的第一位数字小于 5,则将应舍弃数字舍弃(即 4 舍)。

若判定应舍弃数字的第一位数字大于 5,则将应舍弃数字舍弃,并把应保留部分的末位数字加1(即6人)。

若判定应舍弃数字的第一位数字是5,则要按不同情况区别对待。①若5后面的数字不全是0,则将应舍弃数字舍弃,并把应保留部分的末位数字加1。②若5后面的数字全是。或5后面没有数字,则要看应保留部分的末位数字是奇数还是偶数。若为奇数,则将应舍弃数字舍弃,并把应保留部分的末位数字加1,使有效数字末位成为偶数;若为偶数,则将应舍弃数字舍弃,应保留部分的末位数字不加1,使有效数字末位仍为偶数(即5凑偶)。

要一次性修约,而不能逐位修约。

二、系统误差的发现与处理

(一) 系统误差的发现

系统误差可以是固定不变或按某一确定规律变化的。常用的系统误差发现方法有以下5种。

1. 实验对比法

改变测量条件或方法而进行多次测量,使测量在不同的条件下进行,通过测量结果的对比来发现系统误差。这种方法适用于发现恒值系统误差。比如,采用仪器对比法、参量改变对比法、改变实验条件对比法、改变实验操作人员对比法等。例如:当用电流表测弱电流时,怀疑周围强磁场对测量结果有影响,可把电流的方向转180°后再测一次,若两次测量值不同,则可判定测量中有系统误差存在。

2. 残余误差观察法

通过观察残余误差的变化状况来发现系统误差。将测量列中各测量值的残余误差按测量的先后次序排列并绘制散点图,利用散点图来观察残余误差的变化。若残余误差大体上正负相当,无显著变化规律,则无根据怀疑测量中存在系统误差;若残余误差的大小有规则地向一个方向变化,则可认为测量中存在累积性系统误差;若残余误差的符号作有规律的交替变化,则可认为测量中存在周期性系统误差;若残余误差的大小在有规则地向一个方向变化的大趋势下还呈现出周期振荡性,则可认为测量中同时存在累积性系统误差和周期性系统误差。

3. 残余误差校核法

把 n 次测量所得的测量值按测量先后次序,分为前 k 次和后 k 次两组。分别求两组测得值的残余误差的代数和,再求两代数和之差 Δ,即

$$\Delta = \sum_{i=1}^{k} v_i - \sum_{i=n-k+1}^{n} v_i$$

若 Δ 显著不为零,则可认为测量中存在着累积性系统误差。这个准则也称为马林科夫判据。

4. 统计准则检验法

根据测量值计算某个统计量,将计算值与该统计量的限差进行比较,再根据比较结果来判断测量是否存在系统误差。若计算值不大于限差,则可认为无系统误差;否则可认为存在系统误差。根据此原理可确立误差正负号个数检验准则、误差正负号分配检验准则、正误差平方和与负误差平方和之差检验准则等。

5. 阿贝－赫梅特检验准则

若有一个等精度测量列,按测量的先后顺序将残余误差排列为 $v_1, v_2, \cdots, v_n$,构造统计量

$$C = \sum_{i=1}^{n-1} \left| v_i v_{i+1} \right|$$

若 $C > \sqrt{n-1}\sigma^2$,,则可认为该测量列中含有系统误差,且为周期性系统误差。

由于各种检验方法都有一定的局限性,因此,在实际应用中应采用多种方法来检验。

(二) 系统误差处理方法

通过对影响测量结果的各个因素加以研究,可以在测量前采取一些方法来限制或消除系统误差。

消除固定误差可以采用以下方法:①检定修正法,将计量器具送检,求出其示值的修正值并加以修正;②替代法,在计量装置上对未知量进行测量之后,立即用一个标准量代替未知量再进行测量,以求出未知量和标准量的差值;③反向对准法,如果反向对准测量时的误差符号相反,则可以正向、反向各测一次,取其平均值以消除误差;④交换法,将某些测量条件(包括计量人员)进行交换,以交换前后测量结果的平均值来消除误差。

对随时间变化的线性误差,用对称测量法将测量程序相对于某个时刻对称地重复一次并取平均值,即可消除随时间变化的线性误差。

对周期误差,可以每隔半个周期进行偶数次测量(即半周期偶数测量法),即可有效消除系统误差。

对其他规律性变化的误差,往往可以求出其变化的函数关系,并据此进行基本修正。

三、粗大误差的发现与处理

粗大误差明显偏离了被测量真值的测量值所对应的误差,含有粗大误差的测量值称为坏值。测量列中如果混杂有坏值,必然会歪曲测量结果。为了避免或消除测量中产生粗大误差,首先要保证测量条件的稳定,增强测量人员的责任心并以严谨的作风对待测量任务。其次对粗大误差的处理还有几种判别准则。

对可疑值是否是坏值的正确判断,须利用坏值判别准则。这些坏值判别准则建立在数理统计原理的基础上,在一定的假设条件下,确立一个标准作为对坏值剔除的准则。其基

本方法就是给定一个显著水平 a，然后按照一定的假设条件来确定相应的置信区间，则超出此置信区间的误差就被认为是粗大误差，相应的测量值就是坏值，应予以剔除。这些坏值判别准则都是在某些特定条件下建立的，都有一定的局限性，因此不是绝对可靠和十全十美的。下面介绍三个最常用的坏值判别准则。

(一) 拉伊达准则

该准则认为，凡残余误差大于三倍标准差的误差就是粗大误差，相应的测量值就是坏值，应予以舍弃。其数学表达式为

$$|v_b| = |x_b - \bar{x}| > 3\sigma$$

式中，x_b 为坏值；v_b 为坏值的残余误差；$\bar{x}$ 为包括坏值在内的全部测量值的算术平均值，σ 为测量列的标准差，可用样本标准差 s 来代替。

拉伊达准则方法简单，便于应用，但在理论上不够严谨，只适用于重复测量次数较多 ($n>50$) 的场合。若测量次数不够多，使用拉伊达准则就不可靠，一般无法从测量列中正确判别出坏值来。

(二) 格拉布斯准则

凡残余误差大于格拉布斯鉴别值的误差就是粗大误差，相应的测量值就是坏值，应予以剔除。其数学表达式为

$$|v_b| = |x_b - \bar{x}| > G(n, P_a)\sigma$$

式中，x_b 为坏值；v_b 为坏值的残余误差；$\bar{x}$ 为包括坏值在内的全部测量值的算术平均值，σ 为测量列的标准差，可用样本标准差 s 来代替；$G(n, P_a)$ 为格拉布斯临界系数，可通过查表获得。

应用格拉布斯准则时，先计算测量列的算术平均值和标准差；再取定置信概率 P_a，根据测量次数 n 查出相应的格拉布斯临界系数 $G(n, P_a)$，计算格拉布斯鉴别值 $G(n, P_a)\sigma$ 将各测量值的残余误差 v_i 与格拉布斯鉴别值相比较，若满足式 $|v_b| = |x_b - \bar{x}| > G(n, P_a)\sigma$，则可认为对应的测量值 x_i 为坏值，应予剔除；否则 x_i 不是坏值，不予剔除。

格拉布斯准则在理论上比较严谨，它不仅考虑了测量次数的影响，而且还考虑了标准差本身存在误差的影响，被认为是较为科学和合理的，可靠性高，适用于测量次数比较少而要求较高的测量。格拉布斯准则的计算量较大。

(三) 肖维勒准则

凡残余误差大于肖维勒鉴别值的误差就是粗大误差，相应的测量值就是坏值，应予以剔除。其数学表达式为

$$|v_b| = |x_b - \bar{x}| > Z_c(n)\sigma$$

式中, x_b 为坏值; v_b 为坏值的残余误差; $\bar{x}$ 为包括坏值在内的全部测量值的算术平均值, σ 为测量列的标准差, 可用样本标准差 s 来代替; $Z_c(n)$ 为肖维勒临界系数, 可查表获得。

应用肖维勒准则时, 先计算测量列的算术平均值和标准差; 再根据测量次数 n 查出相应的肖维勒临界系数 $Z_c(n)$, 计算肖维勒鉴别值 $Z_c(n)\sigma$; 将各测量值的残余误差 v_i 与肖维勒鉴别值相比较, 若满足式 $|v_b| = |x_b - \bar{x}| > Z_c(n)\sigma$, 则可认为对应的测量值 x_i 为坏值, 应予剔除; 否则 x_i 不是坏值, 不予剔除。

肖维勒判别准则与拉伊达准则同样, 它的理论基础也是正态分布理论, 但较拉伊达准则更加细化, 准确性较高。肖维勒判别准则的可靠性和准确性没有格拉布斯准则高, 但比格拉布斯准则简单。

应用上述坏值判别准则, 每次只能剔除一个坏值, 剔除一个坏值后需重新计算测量列的算术平均值和标准差, 再进行判别, 直至无坏值为止。

第六章　常用专业计量技术

第一节　气体分析类计量技术

一、气体分析仪、气体报警器的定义及运用

气体分析仪是检测气体成分测量气体含量的分析仪器现在广泛运用于工业生产控制、职业卫生防护、环境监测、危险区域监测等方面。

1.气体分析仪

气体分析仪主要由传感器以及电子部分和显示部分组成。由传感器将环境中所需测量的气体转换成电信号,通过信号放大器处理后以浓度显示出来。气体分析仪主要利用气体传感器来检测环境中存在的气体种类,气体传感器是用来检测气体的成份和含量的传感器。气体分析仪器的种类繁多,被分析的气体和分析原理的多种多样千差万别。常用的有热导式气体分析仪器、电化学式气体分析仪器和红外线吸收式分析仪等。

气体分析仪所用主要有以下几种情况:

(1)工业生产控制:监测工艺过程参数,为生产操作人员及时提供所需要的成份含量数据,达到调整生产、控制操作,稳定工艺;监测产品质量,保证产品质量符合标准及客户的需要;监测安全生产,及时反映生产中的问题,督促生产人员及时采取安全措施。

(2)环境大气监测:监测危害人类和其他生物成长的有害气体及其存在的情况。根据监测的结果,可对环境进行相应的管理。主要检测的气体有:二氧化硫(SO_2)、氮氧化物(NOx)、粉尘、可吸入颗粒物等。

(3)职业卫生防护:对有毒有害工作场所的职业病防治管理,预防、控制、消除职业危害。主要检测的气体有一氧化碳(CO)、二氧化碳(CO_2)、臭氧(O_3)等。

2.气体检测报警器

气体检测报警器是在气体分析仪的基础上增加了一个声光报警部分,当检测到的气体

浓度超过预设浓度时,作出报警动作。气体检测报警器主要是运用在有毒有害、易燃易爆气体的作业场所或人员所到工作环境或者设备内部。

气体检测报警器所用主要有以下几种情况:

(1)泄漏检测:设备管道有害气体或液体(蒸气)现场所泄漏检测报警,设备管道运行检漏。

(2)检修检测:设备检修置换后检测残留有害气体或液体(蒸气),特别是动火前检测更为重要。

(3)应急检测:生产现场出现异常情况或者处理事故时,为了安全和卫生,要对有害气体或液体(蒸气)进行检测。

(4)进入检测:工作人员进入有害物质隔离操作间,进入危险场所的下水沟或设备内操作时,要检测有害气体或液体蒸气以及内部的氧气是否充足。

常见的有毒有害气体有:氨气、硫化氢、一氧化碳、二氧化硫;常见的易燃易爆气体有:甲烷、苯、乙炔、氢(电)、乙醛等。

二、相关的法律法规及检定规程校准规范的介绍

《计量法》第二章第九条规定,县级以上人民政府计量行政部门对社会公用的计量标准器具,部门和企业事业单位使用的最高计量标准器具,以及用于贸易结算,安全防护,医疗卫生,环境监测方面列入强制检定目录的工作器具,实施强制检定。《强制检定目录》第44项,有害气体分析仪有:一氧化碳分析仪、二氧化碳分析仪、二氧化硫分析仪、测量仪、硫化氢测定仪;及第46项的瓦斯报警器、瓦斯测定仪。

《中华人民共和国计量法实施细则》第三章第十一条规定:使用实施强制检定的工作计量器具的单位和个人,应当向当地县(市)级人民政府计量行政部门指定的计量检定机构。

三、常见气体传感器

气体传感器是气体分析仪和气体检测报警器的最核心的部分,也是检定校准过程的重点,下面就常见的气体传感器作一些简单的介绍。

1. 电化学传感器

常见的电化学传感器主要有电流型气体传感器、半导体气敏传感器。

(1)电流型传感器

①恒电位电解式气体传感器

工作原理:使电极和电解质溶液的界面在一定电位下进行电解,通过调节电位选择性的氧化或者还原气体,从而定量测定各种气体。对特点气体来说,设定的电位由固定的氧化还原电位决定,但又随电解时作用气体的性质、电解质的种类不同而变化。

在传感器容器内安装工作电极和比对电极，内部充满电解质溶液的密封结构，然后在工作电极和对比电极之间加一恒定电位构成恒压电路。工作电极上透过隔膜的一氧化碳气体被氧化,和比对电极之间产生了电流差该电流差和被检测一氧化碳的浓度呈线性关系,由此可以知道被测一氧化碳的浓度。

②伽伐尼电池式气体传感器

伽伐尼电池式气体传感器与恒电位点解式气体传感器的工作原理类似,是通过测量电解电流来检测气体浓度。

③电量式气体传感器

工作原理:被测量气体与电解质溶液反应后产生电流,将电流作为传感器输出信号来表示检测气体的浓度。

电化学传感器是气体分析类仪器中最为常见的传感器它的优点是体积小响应时间快,便于安装,便于维护;缺点是使用寿命短,容易被其他气体干扰。

（2）半导体气敏传感器

工作原理:当气体吸附于半导体表面时,引起半导体材料的总电导率发生变化,使得传感器电阻随气体浓度的改变而变化。特点是:具有抗中毒性好,反应灵敏,对大多数碳氢化合物都有反应。但其结构复杂,成本高。

（3）常见气体检测报警器的介绍

此处以运用比较广泛的美国 RAE PGM-7800 气体检测仪作为介绍的对象。

这类气体检测仪器可以用在危险或工业环境中有毒有害气体、氧气及可燃气体进行连续的监视测量。它通过一个采样泵和数据采集器实现连续毒气监测、现场调查以及检漏测量等。用电化学传感器测量有毒气体和氧气的浓度。其特点是体积小,重量轻。

2. 热化学传感器

（1）催化燃烧式气体传感器

催化燃烧式气体传感器特别适用于监测可燃气体。其工作原理是:可燃性气体在通电状态下的气敏材料表面上进行氧化燃烧或催化氧化燃烧,产生的热量使传感器电热丝升温．从而使电阻值发生变化,通过测量电阻变化来测出气体的浓度（体积分数）。常见的是在祐丝上涂敷活性催化燃烧剂钵（Rh）和钯（Pd）等制成的传感器具有广谱特性,可以检测大多数可燃性气体。催化燃烧式气体传感器在常温下非常稳定,已经运用了50多年,普遍应用于石化企业、煤化工企业、矿井等地方的可燃性气体的监测和报警。这类传感器对不燃性气体不敏感。

燃烧的四个必要条件:气体中必须含有适量的氧气、适量的可燃气体、火源以及维持反应所需的分子能量。如果有一个条件没有被满足,燃烧都不能发生。当上述条件满足后,任何一种气体或蒸气都存在一个特定的最小浓度,在此浓度之下,气体或蒸气同空气或氧气混合都不会发生燃烧。将可燃性气体和氧气的混合物能发生燃烧的最低浓度成为燃烧下限。"燃烧下限"和"爆炸下限"在定义上不完全相同,但是在实际工作中,二者是可以互相替代使用的。不同的可燃物有不同的燃烧下限,低于燃烧下限的可燃气体和氧气混合都不会发生爆炸。同时,也要注意到,大多数可燃气体或蒸气还具有一个燃烧上限浓度,在此浓度之上,混合气体也不会发生爆炸。

(2)检测原理

可燃性气体与空气中的氧气接触发生氧化反应,产生反应热(无焰催化燃烧),使作为敏感裁量的伯丝温度升高,电阻值相应增大。空气中所含有的可燃气体浓度越大,氧化反应(燃烧)产生的热量就越多,祐丝的温度变化就越大,其电阻值增加就越多。因此,只要测定敏感元件钳丝电阻值的变化,就可以检测空气中可燃气体的浓度。但单纯使用铝丝作为检测元件,其寿命短,响应不灵敏;所以,实际应用中,都是在祐丝外面覆盖一层氧化物触媒,这样既可以延长使用寿命,也可以提高仪器的响应时间。

在测量时要在参比桥和测量桥上施加电压使之加热从而发生催化反应,在正常情况下,电桥是平衡的,输出为零。如果在有可燃气体的环境中,可燃气体在它的表面受热催化而燃烧的过程会使测量电桥被加热温度增加,而此时参比温度不变,电路会测出它们之间的电阻变化,输出的电压或电位差同待测气体的浓度成正比。

由于催化燃烧式传感器是根据可燃气体在检测元件上进行无焰燃烧,引起电阻变化来检测气体浓度的,这个特点决定了它是一种广谱型的检测仪器,对可燃气体没有选择性。但是可燃气体的浓度与传感器输出的信号之间几乎都是呈线性关系,而且对不同气体成分的爆炸下限值具有相近的灵敏度,对于由多种可燃气体成分的混合气体,各成分在检测元件上的反应具有加合性。

虽然催化燃烧式传感器的输出与各种可燃气体的浓度几乎都呈线性关系,但是各种可燃气体的特性曲线还是有所不同。

所以在测量要求很精确的情况下,最好检测什么气体,就用什么气体标定仪器,以消除检测误差。如果无法用待测气体对仪器进行校准,就要根据可燃气体测爆仪生产厂家默认的气体来校准(大部分使用甲烷和异丁烷),然后用厂家提供的校准系数来调整。

催化燃烧式传感器原理是目前使用最广泛的检测可燃气体的原理之一,具有输出信号线形好、数据可靠、价格便宜、与其他非可燃气体无交叉干扰等特点。

3. 光学检测分析仪仪器

(1)红外线分析仪

红外线分析仪测量原理:红外线分析仪是基于被测介质对红外光有选择性吸收而建立的一种分析方法,属于分子吸收光谱分析法。气体的吸收光谱是由许多带宽很窄的吸收线组成的吸收带,用高精度的分光仪检测可以展开成独立的吸收峰。

使红外线通过装在一定长度容器内的被测气体,然后通过测定通过气体后的红外线辐射强度来测量被测气体浓度。

为了保证读数呈线性关系,当待测组分浓度大时,分析仪的测量气室较短;当浓度低时,测量气室较长。经吸收后的光能用检测器检测,转换为被测浓度的变化。

由光源发出一定波长范围的红外光,切光片在同步电机的带动下做周期性旋转,将红外线按一定的周期切割(即连续地周期性地遮断光源),使红外光变成脉冲式红外线辐射,通过测量气室和参比气室后到达检测器,在检测器内腔中位于两个接受室的一侧装有薄膜电容检测器,通过参比气室和测量气室的两路光束交替的射入检测器的前、后吸收室。在较短的前室充有被测气体,这里辐射的吸收主要发生在红外光谱带的中心处,在较长的后室也充有被测气体,它吸收谱带两侧的边缘辐射。

当测量气室通入不含待测组分的混合气体时,它不吸收待测组分的特征波长,参比气室也充有氮气,红外辐射被前、后接受气室内的待测组分吸收后,室内气体被加热,压力上升,检测器内电容薄膜两边压力相等,电容量不变。当测量气室通入含待测组分的混合气体时,因为待测组分在测量气室已预先吸收了一部分红外辐射,使射入检测器的辐射强度变小。测量气室里的被测气体主要吸收谱带中心处的辐射强度,主要影响前室的吸收能量,使前室的吸收能量变小。被测量气室里的被测组分吸收后的红外辐射把前、后室的气体加热,使其压力上升,但能量平衡已被破坏,所以前、后室的压力就不相等,产生了压力差,此压力差使电容器膜片位置发生变化,从而改变了电容器的电容量,因为辐射光源已被调制,因此电容的变化量通过电气部件转换为交流的电信号,经放大处理后得到待测组分的浓度。

红外线分析仪的特点是抗中毒性好,反应灵敏,对大多数碳氢化合物都有反应。但结构复杂,成本高。

(2)激光气体分析仪

激光气体分析仪是基于半导体激光吸收光谱(Diode Laser Absorption Spectroscopy, DLAS)技术的气体分析仪,这种仪器可以对再生烟气中的重要气体进行原位测量,省去了复杂昂贵的采样预处理系统,消除了采样预处理系统带来的易腐蚀、易堵塞、净化要求高等因素,维护量大大降低,十分有利于再生工艺的优化控制。目前,激光吸收光谱气体分析仪已在催化裂化再生烟气分析中得到了成功的应用。

安装时只需将发射单元和接收单元通过标准法兰对准固定在被测烟气管道的两侧,即可实现在线实时烟气分析。发射单元发出的激光束穿过被测气体,被安装在管道相对方向上的接收单元中的光电探测传感器接收。分析系统同时配置有吹扫系统等辅助设备。吹扫系统控制工业用氮气对发射、接收单元进行正压吹扫,不仅达到了正压防爆的目的,而且避免了粉尘、焦油等长期污染光学视窗而造成激光透射光强的大幅下降,维护时只需将发射和接收两端玻片上的灰尘和污渍擦净即可,维护量很小,周期可以达到 3 个月以上。

① DLAS 技术原理

与传统红外光谱技术相同,DLAS 技术本质上是一种吸收光谱技术,通过分析光被气体的选择吸收来获得气体浓度。但与传统红外光谱技术不同,它采用的半导体激光光源的光谱宽度远小于气体吸收谱线的展宽。因此,DLAS 技术是一种高分辨率吸收光谱技术,激光穿过被测气体后的光强衰减满足 Beer-Lambert 关系。

②激光在线气体分析系统具有以下优点：

a. 其他气体的吸收线不在所选波长范围内，不会对吸收谱线产生干扰，因而可以避免气体交叉干扰。

b. 系统采用非接触测量方式，即检测部分的激光器和接收器与测量气体隔离，同时核心器件——半导体激光器具有十年以上的使用寿命，因此系统的维护量更小，使用寿命更长。

4. 光离子化检测仪

光离子化检测仪主要用于检测空气中挥发性有机化合物浓度，其工作原理是：光离子化（PID）是使用一只 10.6eV 或 11.7eV 光子能量的紫外灯作为光源，这种能量的紫外辐射可以使空气中几乎所有的有机物和部分无机物电离，但能保持空气中的基本成分。被测物质进入离子化室后，经紫外灯照射，原来稳定的分子结构被电离，产生带正电的离子与带负电的电子。在正负电场的作用下，形成微弱的电流。检测电流的大小，就可以知道该物质在空气中的含量。这类仪器一般显示的检测浓度是对所有挥发性有机化合物含量的总和，以 VOC 表示。

5. 磁氧氧气分析仪

磁氧氧气分析仪是利用氧的顺磁性来测量氧气含量，也称为顺磁氧分析仪。磁氧分析仪包括热磁氧分析仪、磁压氧分析仪、磁机械氧分析仪。

比较常见的热磁氧分析仪的原理是利用气体组分中氧气的磁化率特别高这一物理特性来测定气体中氧气的含量。氧气为顺磁性气体（气体能被磁场所吸引的称为顺磁气体），在不均匀磁场中受到吸引而流向磁场较强处。磁场内设有加热丝，使此处氧的温度升高而磁化率下降，因而磁场吸引力减少，受后面磁化率较高的未被加热的氧分子推挤出磁场，由此造成"热磁对流"或者"磁风"现象。在一定的气样压力、温度和流量下，通过测量磁风大小就可测得气样中的氧气含量。由于热敏元件既作为不平衡电桥的两个桥臂电阻，又作为加热电阻丝，在磁风的作用下出现温度梯度，即进气桥臂的温度低于出气桥臂的温度。不平衡电桥将随着气样中的氧气含量不同，输出相应的电压值。

磁压力样分析仪器的原理是根据被测气体在磁场作用下压力变化来测量氧气含量的仪器。

磁氧氧气分析仪的特点是能检测到非常微量浓度的氧气，但是容易受到气体的干扰。

四、常见气体分析仪的检测方式

一般可分为扩散式检测和泵吸式检测。

（1）扩散式气体检测仪，是被检测区域的气体随着空气的自由流动缓慢的将样气流入仪表进行检测。这种方式受检测环境的影响，如环境温度、风速等。扩散式气体检测仪特点是成本低。

（2）泵吸式气体检测仪，是仪器配置了一个小型气泵，其工作方式是电源带动气泵对待测区域的气体进行抽气采样，然后将样气送入仪表进行检测。泵吸式气体检测仪的特点是检测速度快，对现场危险的区域可进行远距离测量，维护人员安全，其他和扩散式气体检测仪一样。

第二节　水质分析类计量技术

一、方法概述

容量分析法是用一种已知准确浓度的标准溶液，滴定一定体积的待测溶液，直到化学反应按计量关系作用完全为止，然后根据标准溶液的体积和浓度计算待测物质含量的检测方法这种方法也称为滴定分析法。

（一）基本概念

1. 标准滴定溶液

滴定分析过程中，已知准确浓度的试剂溶液称为标准滴定溶液（又称滴定剂）。

2. 滴定

将标准滴定溶液装在滴定管中，通过滴定管逐滴加入到盛有一定量被测物溶液的锥形瓶（或烧杯）中进行测定，这一操作过程称为"滴定"。

3. 化学计量点

当加入的标准滴定溶液的量与被测物的量恰好符合化学反应式所表示的化学计量关系量时，称反应到达"化学计量点"。

4. 滴定终点

滴定时，指示剂改变颜色的那一点称为"滴定终点"

5. 滴定误差

滴定终点和化学计量点的差值称为"终点误差"。

（二）对滴定反应的要求

反应必须定量进行——反应要按一定的化学方程式进行，有确定的化学计量关系；反应必须定量完成——反应接近完全（>99.9%）；反应速度要快有时可通过加热或加入催化剂的方法来加快反应速度; 必须有适当的方法确定滴定终点 —— 有合适的指示剂; 共存物质不干扰反应 —— 干扰应可通过控制实验条件或加掩蔽剂消除。

(三) 滴定分析法分类

1. 酸碱滴定法

利用酸和碱的中和反应的一种滴定分析法, 如常见的酸、碱标准溶液的标定等。其基本反应为:

$$H^+ + OH^- = H_2O$$

2. 配位滴定法 (络合滴定分析)

利用配位反应进行的一种滴定分析法。常用于金属离子的测定。如 EDTA 测定总硬度, 其反应为:

$$Ca^{2+} + Y^{4-} \rightarrow CaY^{2-}$$

公式中, Y^{4-} 表示 EDTA 的阴离子。

3. 氧化还原滴定法

以氧化还原反应为基础的一种滴定分析法, 可用于对具有氧化还原性质的物质或某些不具有氧化还原性质的物质进行测定, 如耗氧量 (高锰酸盐指数) 测定中, 草酸钠和高锰酸钾在酸性条件下的反应如下:

$$5C_2O_4^{2-} + 2MnO_4^- + 16H^- = 10CO_2 + 2Mn^{2+} + 8H_2O$$

4. 沉淀滴定法

以沉淀生成反应为基础的一种滴定分析法, 可用于对 Ag^+、CN^+、SCN^- 及类卤素等离子进行测定, 如银量法氯化物的测定其反应如下:

$$Ag^+ + Cl^- = AgCl\downarrow$$

(四) 滴定方式

1. 直接滴定法

凡能完全满足滴定分析要求的反应, 都可用标准滴定溶液直接滴定被测物质例如用 NaOH 标准滴定溶液直接滴定 HC1、H_2SO_4 等。

2. 反滴定法

又称回滴法, 是在待测试液中准确加入适当过量的标准溶液, 待反应完全后, 再用另一种标准溶液返滴剩余的第一种标准溶液, 从而测定待测组分的含量。这种滴定方式主要用于滴定反应速度较慢或无合适的指示剂的滴定反应。耗氧量 (高锰酸盐指数) 测定中, 加入过量的高锰酸钾溶液在酸性条件下将还原性物质氧化, 过量的高锰酸钾用草酸标准溶液还原。

3. 置换滴定法

是先加入适当的试剂与待测组分定量反应,生成另一种可滴定的物质,再利用标准溶液滴定反应产物,然后由滴定剂的消耗量,反应生成的物质与待测组分等物质的量的关系计算出待测组分的含量。这种滴定方式主要用于因滴定反应没有定量关系或伴有副反应而无法直接滴定的测定。例如,次氯酸钠中有效氯含量的测定,次氯酸根与碘化钾反应,析出碘,以淀粉为指示剂,用硫代硫酸钠标准滴定析出的碘,进而求出有效氯的含量。

4. 间接滴定法

某些待测组分不能直接与滴定剂反应,但可通过其他的化学反应,间接测定其含量。例如,溶液中 Ca^{2+} 几乎不发生氧化还原的反应,但利用它与 $C_2O_4^{2-}$ 作用形成 CaC_2O_4 沉淀,过滤洗净后,加入 H_2SO_4,使其溶解,用 $KMnO_4$ 标准滴定溶液滴定 $C_2O_4^{2-}$,就可间接测定 Ca^{2+} 含量。

(五) 滴定分析的计算

滴定分析是一种基于化学反应的定量分析方法。

设滴定剂 B 与被测物质 A 发生如下化学反应:

$$aA+bB=cC+dD$$

它表示 A 与 B 是按物质的量之比 a：b 的关系反应的,反应完全时,A 与 B 物质的量 n_A 和 n_B 满足:

$$n_A:n_B = a:b$$

这就是滴定分析定量计算的基础。

1. 求待测溶液 A 物质的量浓度 CA

滴定分析中,若已知待测溶液的体积 V_A、标准溶液 B 物质的量浓度 C_B 和消耗的标准溶液体积 V_B,求待测溶液 A 物质的量浓度 C_A,则:

$$n_A = \frac{a}{b} \cdot n_B$$

得

$$c_A \cdot V_A = \frac{a}{b} \cdot c_B \cdot V_B$$

则

$$c_A = \frac{a}{b} \cdot \frac{V_B}{V_A} \cdot c_B$$

2. 求待测组分 A 的质量浓度 ρ_A

若已知待测溶液的体积 V、标准溶液 B 物质的量浓度 C_B 和消耗的标准溶液体积 V_B,

组分 A 的摩尔质量 M_A，求待测溶液 A 的质量浓度力 ρ_A，则由

$$n_A = \frac{a}{b} \cdot n_B$$

得

$$\frac{m_A}{M_A} = \frac{a}{b} \cdot c_B \cdot V_B$$

$$m_A = \frac{a}{b} \cdot c_B \cdot V_B \cdot M_A$$

所以

$$\rho_A = \frac{m_A}{V} = \frac{\frac{a}{b} \cdot c_B \cdot V_B \cdot M_A}{V}$$

（六）滴定分析的原理

1. 酸碱滴定法

（1）酸碱指示剂的作用原理

酸碱滴定法一般都需要用指示剂来确定反应的终点。这种指示剂通常称为酸碱指示剂。酸碱指示剂一般是弱有机酸或弱有机碱，它们在酸碱滴定中也参与质子转移反应，它们的酸式或碱式因结构不同而呈不同的颜色。因此当溶液的 pH 值改变到一定的数值时，就会发生明显的颜色变化。所以酸碱指示剂可指示溶液的 pH 值。例如，甲基橙是一种常用的酸碱双色指示剂，它在酸性溶液中以红色的醌式结构形式存在，在碱性溶液中以黄色的偶氮式结构形式存在。

酸碱指示剂的酸式（HIn）和碱式（In⁻）有如下的离解平衡：

$$HIn \rightarrow H^+ + In^-$$

达到平衡时，$K_{HIn} = \frac{[H^+][In^-]}{[HIn]}$

公式中，K_{HIn} 是指示剂的离解常数。上式还可改写为 $\frac{[In^-]}{[HIn]} = \frac{K_{HIn}}{[H^+]}$

由上式可知，比值 $\frac{[In^-]}{[HIn]}$ 是溶液中 H^+ 浓度的函数，随着溶液氢离子浓度 $[H^+]$ 的改变，指示剂的酸式和碱式的比例也不断变化，$[H^+]$ 越高，酸式所占比例越大；$[H^+]$ 越低，酸式所占比例越小，碱式越多。

当 $\frac{[In^-]}{[HIn]} = 1$ 时，pH=pK_{HIn} 表示指示剂酸式体与碱式体浓度相等，溶液呈其酸式色和碱式色的中间色。因此，称此时的 pH 值为酸碱指示剂的理论变色点。

当 $\frac{[In^-]}{[HIn]} \geq 10$ 时，pH=pK_{HIn}+1，表示指示剂在溶液中主要以碱式体存在，溶液呈碱式色。

当 $\dfrac{[\text{In}^-]}{[\text{HIn}]} \leqslant \dfrac{1}{10}$ 时，pH=pK_{HIn}−1，表示指示剂在溶液中主要以酸式体存在，溶液呈酸式色。

溶液的 pH 值由 pK_{HIn}−1 变化到 PK_c+1 时，此时人眼能明显地看出指示剂由酸式色变为碱式色。所以，pH=pK_{HIn}±1 称为指示剂的理论变色 pH 范围。由于人眼对各种颜色的敏感程度不同，致使指示剂的实际变色范围与其理论变色范围不尽相同。例如，甲基橙的 pK_{HIn} 为 3.4，其理论变色范围就为 pH=2.4 ~ 4.4。但由于肉眼对黄色的敏感度较低，因此，红色中略带黄色时，不易辨认出黄色，只有当黄色比重较大时，才能观察出来。因此，甲基橙变色范围在 pH 值小的一边就短些，因而其实际变色范围为 pH=3.1 ~ 4.4。

由于指示剂的离解常数受溶液温度、离子强度以及介质的影响，因此这些因素也都将影响指示剂的变色范围，此外，指示剂的用量及滴加顺序也会影响它的变色。

（2）酸碱滴定的基本原理

酸碱滴定是以酸碱反应为基础的化学分析方法。滴定过程中，溶液的 pH 随着滴定剂的加入不断变化，如何选择适当的指示剂判断终点，并使终点充分接近化学计量点，对取得准确的定量分析结果是十分重要的。

滴定突跃有重要的实际意义，它是选择指示剂的依据，凡变色点 pH 值处于滴定突跃范围内的指示剂均可选用。此例中，酚酞、甲基红、甲基橙均适用。用指示剂确定的滴定终点与化学计量点不一定完全吻合此例中如用甲基橙作指示剂滴定终点在化学计量点之前，而用酚酞作指示剂，滴定终点在化学计量点之后。

2. 氧化还原滴定法

（1）氧化还原反应

氧化还原反应是一种电子由还原剂转移到氧化剂的反应。反应速度慢；常伴有副反应发生是氧化还原反应常见的两个特性。影响氧化还原反应速度的因素：氧化剂和还原剂的性质；反应物的浓度；溶液的温度；催化剂的作用。

（2）氧化还原滴定指示剂

第一，自身指示剂。标准溶液本身就是指示剂。常用于高锰酸钾法。因为高锰酸根离子颜色很深，而还原后的，离子在稀溶液为无色，滴定时无须另加入指示剂，只要高锰酸钾稍微过量一点溶液呈淡粉红色，即可显示滴定终点。

第二，特殊指示剂。利用溶液本身不具有氧化还原性，但能与氧化剂或还原剂作用产生特殊的颜色，出现或消失指示滴定终点。

第三，氧化还原指示剂。它本身是一种弱氧化剂或弱还原剂，它的氧化型或还原型具有明显不同的颜色。

（3）氧化还原滴定法的分类

氧化还原滴定法按滴定剂氧化剂的不同分为碘量法高锰酸钾法重铬酸钾法溴量法、铈量法等这里介绍水质分析中常用的高锰酸钾法。高锰酸钾是一种强氧化剂，在酸性、中性或碱性溶液中都能发生氧化作用。

在强酸性溶液中,发生下列反应:

$$MnO_4^- + 8H + 5e = Mn^{2+} + 4H_2O$$

$$E_0 = +1.51V$$

在中性、微酸性或中等强度的碱性溶液中发生下列反应:

$$MnO_4^- + 4H^+ + 3e = MnO_2 \downarrow +2H_2O$$

$$E_0 = +1.695V$$

$$MnO_4^- + 2H_2O + 3e = MnO_2 \downarrow +4OH^-$$

$$E_0 = +0.51V$$

在中性、微酸性、碱性溶液中,反应产生物是褐色二氧化锰沉淀,影响终点的观察,因此很少应用。

在高锰酸钾滴定中,所用的酸应该是不含还原性物质的硫酸,而不能用硝酸和浓盐酸、因为硝酸本身是强氧化剂,它可能氧化某些被滴定的物质;浓盐酸能被高锰酸钾氧化,所以都不适用。

高锰酸钾不能用直接法配制标准溶液,蒸馏水中常含有少量有机杂质,能还原 $KMnO_4$ 使其水溶液浓度在配制初期有较大变化。配制时常将溶液煮沸以使其浓度迅速达到稳定;或者使用新煮沸放冷的蒸馏水配制,并将酿成的溶液盛在棕色玻璃瓶中放置在冷暗处一段时间(通常为 2 周)后,用玻璃砂芯漏斗过滤,除去二氧化锰,标定滤液,暗处储存。

3. 沉淀滴定法

沉淀滴定法对沉淀反应的要求是:沉淀生成的速度要快、沉淀的溶解度必须很小,并且反应能定量进行、终点检测方便。

沉淀滴定法实际应用较多的是银量法。利用生成难溶性银盐的沉淀滴定法称为银量法。根据所用的标准溶液和指示剂的不同,银量法又分为莫尔法、佛尔哈德法和法扬斯法,都可用于测定 Cl^-、Br^-、I^- 和 SCN^-。这里只介绍水质分析中常用的莫尔法。

(1)莫尔法原理

以铬酸钾(K_2CrO_4)为指示剂,用硝酸银作标准溶液测定卤化物(Cl^-、Br^-、I^-)的方法称为莫尔法,例如硝酸银滴定氯化物。

$$Ag^+ + Cl^- \rightarrow AgCl\downarrow (白色)$$
$$2Ag^+ + CrO_4^{2-} \rightarrow Ag_2CrO_4\downarrow (砖红色)$$

由于铬酸银(Ag_2CrO_4)的溶解度比氯化银($AgCl$)的溶解度大,当用 $AgNO_3$ 标液滴定时,首先生成氯化银（AgCl）的白色沉淀,滴定达到化学计量点时,由于 Ag^+ 离子浓度迅速增加,立即出现砖红色铬酸银沉淀,指示滴定终点。

（2）滴定条件

第一,K_2CrO_4 的用量。指示剂的用量愈多,终点的反应愈灵敏:但指示剂要消耗硝酸银标准溶液,因此,指示剂的用量将会影响滴定的准确度。指示剂的用量过多,终点提前,使结果偏低;指示剂的用量过少,则多消耗 Ag^+,使结果偏高。

第二,滴定应控制的酸度。滴定时溶液的酸度必须在 pH 6.5 ~ 10.5 之间。若 pH 过低,会生成红色重铬酸根离子（Cr2O72-）,使终点不明显:

$$2CrO_4^{2-} + 2H^+ = Cr_2O_7^{2-} + H_2O$$

pH 过高时,溶液又会生成黑褐色的氧化银:

$$2Ag^+ + 2OH^- \rightarrow Ag_2O\downarrow + H_2O$$

第三,滴定时须剧烈摇动,以减小沉淀对被滴定剂的吸附,使终点提前。

二、设备器材

滴定管是进行容量分析的重要设备,能否正确使用滴定管,直接影响到检测结果是否准确,因此,对滴定管使用过程中的许多细节要求需要提醒注意。

滴定管是滴定操作时准确测量标准溶液体积的一种量器。滴定管的管壁上有刻度线和数值,"0"刻度在上,自上而下数值由小到大。

（一）酸式滴定管的使用方法

1. 洗涤

通常滴定管可用自来水或管刷蘸洗涤剂(不能用去污粉)洗刷,而后用自来水冲洗干净,去离子水润洗 3 次有油污的滴定管要用铬酸洗液洗涤。

2. 给旋塞涂凡士林（起密封和润滑的作用）

将管中的水倒掉,平放在台上,把旋塞取出,用滤纸将旋塞和塞槽内的水吸干。用手指蘸少许凡士林,在旋塞芯两头薄薄地涂上一层(导管处不涂凡士林),然后把旋塞插入塞槽内,旋转几次,使油膜在旋塞内均匀透明,且旋塞转动灵活。

3. 试漏

将旋塞关闭,滴定管里注满水,把它固定在滴定管架上,放置 10 min,观察滴定管口及旋塞两端是否有水渗出,旋塞不渗水才可使用若不漏,将活塞旋转 180.,静置 5min,再观察一次,无漏水现象即可使用。检查发现漏液的滴定管,必须重新装配,直至不漏才能使用。

4. 润洗

应先用标准液5~6mL润洗滴定管3次洗去管内壁的水膜以确保标准溶液浓度不变。方法是两手平端滴定管同时慢慢转动使标准溶液接触整个内壁,并使溶液从滴定管下端流出装液时要将标准溶液摇匀,然后不借助任何器皿直接注入滴定管内。

5. 排气泡

滴定管内装入标准溶液后要检查尖嘴内是否有气泡。如有气泡,将影响溶液体积的准确测量。排除气泡的方法是:用右手拿住滴定管无刻度部分使其倾斜约30.角,左手迅速打开旋塞,使溶液快速冲出,将气泡带走。排尽气泡后,加入溶液使之在"0"刻度以上,打开旋塞调液面到。刻度上约0.5 cm处,静止0.5~1 min,再调节液面在0.00刻度处即为初读数;备用。

6. 进行滴定操作时,应将滴定管夹在滴定管架上

左手控制旋塞,大拇指在管前,食指和中指在后,三指轻拿旋塞柄,手指略微弯曲,向内扣住旋塞,避免产生使旋塞拉出的力。向里旋转旋塞使溶液滴出。滴定管应插入锥形瓶口1~2cm,右手持瓶,使瓶内溶液顺时针不断旋转。掌握好滴定速度(连续滴加,逐滴滴加,半滴滴加),滴定过程中眼睛应看着锥形瓶中颜色的变化,而不能看滴定管。终点前用洗瓶冲洗瓶壁,再继续滴定至终点。

7. 读数方法

滴定开始前和滴定终了都要读取数值。读数时须将滴定管从管夹上取下,用右手拇指和食指捏住滴定管上部无刻度处,使管自然下垂。读数时,使弯液面的最低点与分度线上边缘的水平面相切,视线与分度线上边缘在同一水平面上,以防止视差。颜色太深的溶液,如高锰酸钾、碘化物溶液等,弯液面很难看清楚,可读取液面两侧的最高点,此时视线应与该点成水平。

8. 滴定前

滴定管尖嘴部分不能留有气泡,尖嘴外不能挂有液滴;滴定终点时,滴定管尖嘴外若挂有液滴,其体积应从滴定液(通常为标准液)中扣除,标准的酸式滴定管,1滴为0.05ml.滴定管使用完后,弃去滴定管内剩余的溶液,不得倒回原瓶,然后把滴定管洗净,打开旋塞倒置于滴定管架上。

(二) 碱式滴定管的使用方法

1. 试漏

给碱式滴定管装满水后夹在滴定管架上静置5min。若有漏水应更换橡皮管或管内玻璃珠,直至不漏水且能灵活控制液滴为止。

2. 滴定管内装入标准溶液后, 要将尖嘴内的气泡排出

方法是: 把橡皮管向上弯曲, 出口上斜, 挤捏玻璃珠, 使溶液从尖嘴快速喷出, 气泡即可随之排掉。

3. 进行滴定操作时

用左手的拇指和食指捏住玻璃珠中部靠上部位的橡皮管外侧, 向手心方向捏挤橡皮管, 使其与玻璃珠之间形成一条缝隙, 溶液即可流出。注意不要捏玻璃珠下方的胶管, 否则易使空气进入而形成气泡。

三、检测项目

在水质分析日常检测中, 容量分析法的项目有总硬度、总碱度、耗氧量(高锰酸盐指数)、氯化物、碘量法测定溶解氧等。

(一) 总硬度

传统水的硬度是以水与肥皂反应的能力来衡量的。硬水需要更多的肥皂才能产生泡沫, 事实上, 水的硬度是由多种溶解性多价金属阳离子作用的, 这些离子能与肥皂生成沉淀, 并与部分阴离子形成水垢, 硬度过高会引起胃肠功能性紊乱及肾等组织结石。总硬度检测方法如下:

1. 乙二胺四乙酸二钠滴定法

(1) 应用范围

本法最低检测质量 0.05 mg, 若取 50mL 水样, 最低检测质量浓度为 1.0mg / 1.

(2) 测定原理

水样中的钙、镁离子与铬黑 T 指示剂形成紫红色螯合物, 这些螯合物的不稳定常数大于乙二胺四乙酸二钠钙和镁螯合物的不稳定常数。当 pH=10 时, 乙二胺四乙酸二钠先与钙离子, 再与镁离子形成螯合物, 滴定至终点时, 溶液呈现出铬黑 T 指示剂的纯蓝色。

(3) 仪器

第一, 酸式滴定管: 25mL 或 50 m1. 第二, 锥形瓶: 250 m1.

(4) 试剂

缓冲溶液(pH=10)。

第一, 称取 16.9g 氯化铵, 溶于 143mL 氨水(p20=0.88 g / mL)中。

第二, 称取 0.780g 硫酸镁及 1.178g 乙二胺四乙酸二钠, 溶于 50mL 纯水中, 加入 2mL 氯化铉-氢氧化铉溶液氯化铵和 5 滴铬黑 T 指示剂此时溶液应呈紫红色若为纯蓝色, 应再加极少量硫酸镁使呈紫红色), 用乙二胺四乙酸二钠标准溶液滴定至溶液由紫红色变为纯蓝色。合并上述两种溶液, 并用纯水稀释至 250 m1. 合并后如果溶液又变为紫红色,在计算结果时应扣除试剂空白。

乙二胺四乙酸二钠标准溶液 $[c(Na_2EDTA)=0.01mol／L]$；称取 3.72g 乙二胺四乙酸二钠溶解于 1000mL 纯水中，用锌标准溶液标定。

标定：吸取 25.00mL 锌标准溶液于锥形瓶中，加入 25mL 纯水，加入几滴氨水调节溶液至近中性，再加 5mL 缓冲溶液和 5 滴铬黑 T 指示剂，在不断振荡下，用 Na_2EDTA 标准溶液滴定至不变的纯蓝色，计算 Na_2EDTA 标准溶液的浓度：

$$c\left(Na_2EDTA\right)=\frac{c(Zn)\times V_2}{V_1}$$

公式中 $c(Na_2EDTA)$—— Na_2EDTA 标准溶液的浓度，$mol／L$；

$c(Zn)$—— 锌标准溶液的浓度，$mol／L$；

V_1—— 消耗 Na_2EDTA 溶液的体积，mL；

V_2—— 所取锌标准溶液的体积，mL

第三，锌标准溶液：称取 0.6 ~ 0.7g 纯锌粒，溶于盐酸溶液（1+1）中，置于水浴上温热至完全溶解，移入容量瓶中，定容至 1000mL；用于标定乙二胺四乙酸二钠溶液。

第四，铬黑 T 指示剂：称取 0.5g 铬黑 T 用乙醇（95%）溶解，并稀释至 100 ml. 放置于冰箱中保存，可稳定一个月。

（5）分析步骤

量取 50.0mL 水样，置于三角瓶。加入 1 ~ 2mL 缓冲液，5 滴铬黑 T 指示剂，摇匀后，立即用 Na_2EDTA 标准溶液滴定，边滴边摇匀，至溶液由紫红色变为纯蓝色，即为终点。记录用量。同时做空白试验。

（6）计算

总硬度以下式计算：

$$\rho\left(CaCO_3\right)=\frac{(V_1-V_0)\times c\times100.09\times1000}{V}$$

公式中：$\rho(CaCO_3)$—— 总硬度（以 $CaCO_3$ 计），$mg／L$；

V_0—— 空白滴定所消耗 Na_2EDTA 标准溶液的体积，mL；

V_1—— 所消耗 Na_2EDTA 标准溶液的体积，mL；

c—— Na_2EDTA 标准溶液的浓度，$mol／L$；

V—— 水样体积，ml.

100.09—— 与 1.00L 乙二胺四乙酸二钠标准溶液 $[c(Na_2EDTA)=1.000mol／L]$ 相当的以毫克表示的总硬度（以 $CaCO_3$ 计）。

2. 注意事项

水温气温较低时，反应较慢，颜色变化不灵敏，故应逐滴加入并不断摇匀，如滴入过快，终点延迟，造成结果偏高。加缓冲液后，立即滴定，否则水中钙、镁可产生沉淀，使结果偏低。铬黑T指示剂配成溶液后较易失效，存放时间不宜过长，应放在冰箱内保存（4℃），否则颜色变化不灵敏。如果在滴定时终点不敏锐。而且加入掩蔽剂后仍不能改善，则应重新配制指示剂。水样过酸或过碱时，应先用碱或酸调节样品pH至10左右，再按步骤进行测定。当水中存在有干扰离子时，于水样中加入1～5mL硫化钠溶液（5g $Na_2S \cdot 9H_2O$ 溶于100mL水中）此液可消除铝、钴、铜、镉、铅、锰、镍、锌，或加入1～3mL氨基三乙醇消除铁、锰、铝干扰。为防止碳酸钙及氢氧化镁在碱性溶液中沉淀，滴定时水样中的钙、镁离子含量不能过多，若取50mL水样，所消耗的0.01 mol／L Na_2EDTA 溶液体积应少于15 ml。总硬度大时，应稀释样品进行检测。

（二）总碱度

水中的碱度是指水中所能与强酸定量作用的物质总量，这类物质包括强碱、弱碱、强碱弱酸盐等。天然水中的碱度主要是由重碳酸盐、碳酸盐和氢氧化物引起的，其中重碳酸盐是水中碱度的主要形式。碱度指标常用于评价水体的缓冲能力及金属在其中的溶解性，是对水和废水处理过程控制的判断性指标。

1. 酸碱指示剂滴定法

（1）测定原理

水样用标准酸溶液（本方法使用盐酸溶液）滴定至规定的pH值，其终点可由加入的酸碱指示剂在该pH值时颜色的变化来判断。

（2）仪器

酸式滴定管：25mL或50 ml。锥形瓶：250mL。

（3）试剂

第一，无二氧化碳水：用于制备标准溶液及稀释用的纯水，临用前煮沸15min，冷却至室温。pH值应大于6.0，电导率小于$2\mu S／cm$。

第二，甲基橙指示剂：称取0.05 g甲基橙溶于100mL纯水中。

第三，碳酸钠标准溶液（c=0.0250mol／L）：称取1.3249g（于250龙烘干4h）的基准试剂无水碳酸钠，溶于少量无二氧化碳水中，定容1000ml。储存在聚乙烯瓶中，保存时间不超过一周。

第四，盐酸标准溶液（0.0250 mol／L）：吸取2.1mL浓盐酸（p=1.19 g／mL），并用纯水稀释至1000mL，标定：

吸取25.00mL碳酸钠标准溶液于250mL锥形瓶中，加无二氧化碳水稀释至50mL，加入3滴甲基橙指示剂，用盐酸标准溶液滴定由桔黄色刚变成桔红色，记录盐酸标准溶液用量。

$$c = \frac{25.00 \times 0.0250}{V}$$

公式中：c—— 盐酸标准溶液浓度，mol / L；

V—— 消耗盐酸标准溶液体积，ml。

（4）分析步骤

量取 50.0mL 水样，置于三角瓶。加入 3 滴甲基橙指示剂，摇匀后，用盐酸标准溶液滴定，边滴边摇匀，至溶液由桔黄色刚变成桔红色，即为终点。

（5）计算

总碱度计算公式：

$$\rho\left(CaCO_3\right) = \frac{c \times V \times \dfrac{100.09}{2} \times 1000}{V_1}$$

公式中：$\rho CaCO_3$—— 总碱度（以 $CaCO_3$ 计），mg / L；

c—— 盐酸标准溶液浓度，mol / L；

V—— 消耗盐酸标准溶液体积，ml；

V_1—— 水样体积，ml。

100.09—— 与 1.00mol 盐酸标准溶液相当的以毫克表示的碱度（以 $CaCO_3$ 计）。

2. 注意事项

总氯较高时，使指示剂褪色，影响终点的掌握，用 $Na_2S_2O_3$ 脱氯后检测。浑浊度高时，可离心后取上清液进行检测

（三）耗氧量（高锰酸盐指数）

耗氧量也称高锰酸盐指数。在水源水分析中，尤其是在水质较差的水源中，要具体测定有某些有机物质较为困难，因此我们通过判断水中还原物质多少来反映水质优劣（包括有机物，无机物），通过加入氧化剂高锰酸钾去氧化水中还原性物质，求出耗氧量，间接地反映出水质受污染状况。

容量法检测有酸性高锰酸钾滴定法和碱性高锰酸钾滴定法两种。前者适用于氯化物质量浓度低于 300 mg / L 的水样，后者适用于氯化物质量浓度高于 300 mg / L 的水样。本教材介绍一般情况下使用较多的酸性法。

1. 酸性高锰酸钾滴定法

（1）适用范围

取 100mL 水样时，本法最低检测质量浓度为 0.05 mg / l。最高可测定耗氧量为 5.0 mg / l。若水样耗氧量较高，应先稀释再进行测定。本法适用于氯离子含量不超过 300 mg / L 的水样。

（2）测定原理

高锰酸钾在酸性溶液中将还原性物质氧化，过量的高锰酸钾用草酸还原。根据高锰酸钾消耗量表示耗氧量（以 O_2 计）。

（3）仪器

酸式滴定管：25mL 或 50ml。锥形瓶：250 ml。水浴装置。

（4）试剂

第一，硫酸溶液（1+3）：将 1 体积硫酸（$\rho20=1.84g／mL$）溶液在水浴冷却下缓缓加入到 3 体积纯水中，煮沸，滴加高锰酸钾溶液至溶液保持微红色。

第二，草酸钠标准储备溶液 $[c(1／2Na_2C_2O_4)=0.1000\ mol1／L]$：称取 6.701 g 草酸钠，溶于少量纯水中，并于 1000mL 容量瓶中用纯水定容。储存于棕色瓶中，置暗处保存。

第三，高锰酸钾溶液 $[c(1／5KMnO_4)=0.1000mol／L]$：称取 3.3 g 高锰酸钾，溶于少量纯水中，并稀释至 1000mL。煮沸 15min，静置 2 周。吸取上清液，标定。储存于棕色瓶中。

第四，标定：吸取 25.00mL 草酸钠溶液于 250mL 锥形瓶中，加入 75mL 新煮沸放冷的纯水及 2.5mL 硫酸（$\rho20=1.84\ g／mL$）。迅速自滴定管中加入约 24mL 高锰酸钾溶液，待褪色后加热至 65℃，再继续滴定呈微红色并保持 30 s 不褪。滴定终了时，溶液温度不低于 55℃，记录高锰酸钾溶液用量。

高锰酸钾溶液的浓度计算：

$$c\left(\frac{1}{5}KMnO_4\right)=\frac{0.1000\times25.00}{V}$$

公式中：$c(1／5KMnO_4)$——高锰酸钾溶液的浓度，mol／L；

V——高锰酸钾溶液的用量，ml。

校正高锰酸钾溶液的浓度 $[c(1／5KMnO_4)]$ 为 0.1000mol／1。

第四，高锰酸钾标准溶液：$[c(1／5KMnO_4)=0.01000mol／L]$：将高锰酸钾溶液准确稀释 10 倍。

第五，草酸钠标准使用溶液 $[c(1／2Na_2C_2O_4)=0.0100\ mol1／L]$：将草酸钠标准储备溶液准确稀释 10 倍。

（5）分析步骤

取 100mL 充分混匀的水样于锥形瓶中。加入硫酸溶液（1+3）5mL，用滴定管准确加入 10.00mL KMnO4 标准溶液摇匀，将锥形瓶放在沸腾水内水浴，准确放置 30min。如加热过程中红色明显减退，须将水样稀释重做。取出锥形瓶，趁热加入 10.00mL 草酸钠，充分摇匀，使红色褪尽。用 KMnO4 标准溶液滴定到微红色为终点（保持微红色 30s 不褪色），记录用量 V1（mL）。向滴定至终点的水样中，趁热（70 ~ 80℃）加入 10.00mL 草酸钠标准使用溶液。立即用 KMnO4 标准溶液滴定至微红色，记录用量 V2（mL）。求出校正系数

$$K = \frac{10}{V_2}$$

如水样用纯水稀释，则另取 100mL 纯水，同上述步骤滴定，记录 $KMnO_4$ 标准溶液消耗量 V_0（mL）。

（6）计算

$$耗氧量\left(O_2，mg/L\right) = \frac{\left[\left(10+V_1\right)K-10\right]\times c\times 8\times 1000}{100}$$

如水样用纯水稀释，则采用以下公式计算：

$$耗氧量\left(O_2，mg/L\right) = \frac{\left\{\left[\left(10+V_1\right)K-10\right]-\left[\left(10+V_0\right)K-10\right]R\right\}\times c\times 8\times 1000}{V_3}$$

公式中：R——稀释水样时，纯水在 100mL 体积内所占的比例，例如，25mL 水样用纯水稀释至 100mL，则 $R = \frac{100-25}{100} = 0.75$。

c——高锰酸钾标准溶液的浓度 $[c\left(1/5KMnO_4\right)=0.0100mol/L]$；

8——与 1.00mL 高锰酸钾标准溶液 $c\left(1/5KMnO_4\right)=1.000\ mol/L$ 相当的以毫克（mg）表示氧的质量；

V_3——水样体积，mL；

K——校正系数。

2. 注意事项

在加热过程中，若红色明显褪去，需稀释样品重新再做；水浴过程应保持沸腾，水浴时间严格控制为 30 min；水浴液面应高于锥形瓶内样品液面高度；滴定过程中应保持温度为 70 ~ 80℃，温度低则反应慢，温度过高可使草酸钠分解，使结果不准确；高锰酸钾溶液很不稳定，应保存在棕色瓶中，每次使用前进行标定；当样品中氯离子 > 300 mg/L 时，应采用碱性法测定高锰酸盐指数，在碱性条件下，高锰酸钾不能氧化水中的氯离子，可解决对测试的干扰。确保结果准确[其测定步骤与酸性法基本一样，只不过在加热反应之前将溶液用 NaOH 溶液调至碱性。在加热反应结束之后先将水样加入硫酸酸化，随后的测试步骤和计算方法与酸性法完全相同。

（四）氯化物

氯化物是水中一种常见的无机阴离子在人类的生存活动中，氯化物有很重要的生理作用及工业用途。若饮水中氯离子含量达到 250mg/L,相应的阳离子为钠时，会感觉到咸味，影响口感。

1. 硝酸银容量法

（1）适用范围

本法最低检测质量为 0.05 mg，若取 50mL 水样，最低检测质量浓度为 1.0 mg/1。

（2）测定原理

硝酸银与氯化物生成氯化银沉淀，过量的硝酸银与铬酸钾指示剂反应生成红色铬酸银沉淀，指示反应达到终点。

（3）仪器

棕色酸式滴定管：25mL；锥形瓶：250ml。

（4）试剂

第一，氯化钠标准溶液（p=0.5 mg／mL）：称取经700℃烧灼1 h的氯化钠8.2420g，溶于纯水中并稀释至1000mL吸取10.0mL，用纯水稀释至100.0 ml。

第二，硝酸银标准溶液（c=0.01400mol／L）：称取2.4g硝酸银溶于纯水，并定容至1000 ml，储存于棕色试剂瓶内，用氯化钠标准溶液，标定。

第三，标定：吸取25.00mL氯化钠标准溶液，置于锥形瓶，加纯水25mL。另取一锥形瓶加50mL纯水作为空白，各加1mL铬酸钾溶液，用硝酸银标准溶液滴定，直至产生淡桔黄色为止。

计算硝酸银标准溶液浓度：

$$m = \frac{25 \times 0.50}{V_1 - V_0}$$

公式中：m——1.00mL硝酸银标准溶液相当于氯化物（Cl⁻）的质量，mg；

V_0——滴定空白的硝酸银标准溶液用量，mL；

V_1——滴定氯化钠标准溶液的硝酸银标准溶液用量，ml。

第四，铬酸钾溶液（50g／L）：称取5g铬酸钾，溶于少量纯水中，滴加硝酸银标准溶液至生成红色不褪为止，混匀，静置24 h后过滤，滤液用纯水稀释至100ml。

（5）分析步骤

量取50.0mL水样于锥形瓶中。加入1.0mL铬酸钾指示剂，用硝酸银标准溶液进行滴定，边滴定边摇匀，直至产生橘黄色为止，记录用量。同时做空白试验。

（6）计算

$$\rho\left(Cl^-\right) = \frac{\left(V_1 - V_0\right) \times m \times 1000}{V}$$

公式中：$\rho(Cl^-)$——水样中的氯化物（以Cl⁻计）的质量浓度，mg／L；

V_0——空白试验消耗的硝酸银标准溶液体积，mL；

V_1——水样消耗的硝酸银标准溶液体积，mL；

V——水样体积，ml；

m——1.00mL硝酸银标准溶液相当于氯化物（Cl⁻）的质量，mg。

2. 注意事项

被测定水样pH应在6.3～10为宜，过低影响生成铬酸银沉淀，过高会产生氢氧化银沉淀，影响结果。pH过高时，可用不含氯离子的硫酸溶液[c（1／2H₂SO₄）=0.05 mol／L]

中和水样；pH 过低时，可用氢氧化钠溶液（2g／L）调为中性（pH 6.3～10）。

水样中含有硫化氢将干扰测定影响测定值。可加入数滴 30%H_2O_2 使其氧化或将水样煮沸除去。

浑浊度大于 100 NTU，色度大于 50 度时，在水样中加入 2mL $Al(OH)_3$ 悬浮液，振荡均匀，过滤，弃去初滤液 20 ml.

$Al(OH)_3$ 悬浮液的配制方法：称取 125 g 硫酸铝钾［$KAl(SO_4)_2·12H_2O$］或硫酸铝铵［$NH_4Al(SO_4)_2·12H_2O$］，溶于 1000mL 纯水中。加热至 60℃，缓缓加入 55mL 氨水（ρ_{20} = 0.88g／mL），使氢氧化铝沉淀完全。充分搅拌后静置，弃去上清液，用纯水反复洗涤沉淀，至倾出上清液中不含氯离子（用硝酸银硝酸溶液试验为止），然后加入 300mL 纯水成悬浮液，使用前振摇均匀。

对耗氧量大于 15mg／L 的水样，加入少许高锰酸钾晶体，煮沸，再加入数滴乙醇还原过多的高锰酸钾，过滤。水样被有机物严重污染或着色严重，先用无水 Na_2CO_3 调节成酚酞显红色碱性，蒸干，600℃灼烧后，用水溶解，以酚酞为指示剂，用硝酸调节红色消失，再按常规测定氯化物。

（五）溶解氧（碘量法）

1. 碘量法

（1）适用范围

在没有干扰的情况下，此方法适用于各种溶解氧浓度大于 0.2 mg／L 和小于氧的饱和浓度两倍（约 20 mg／L）的水样。

（2）测定原理

在水样中加入硫酸锰和碱性碘化钾，水中溶解氧将低价锰氧化成高价锰，生成四价锰的氢氧化物棕色沉淀。加酸后，氢氧化物沉淀溶解并与碘离子反应释放出游离碘。以淀粉做指示剂，用硫代硫酸钠滴定释放出的碘，计算溶解氧含量。

（3）仪器

250～300mL 溶解氧瓶。

（4）试剂

第一，硫酸锰溶液；称取 480g 硫酸锰（$MnSO_4·4H_2O$）或 364g$MnSO_4·H_2O$ 溶于水，稀释至 1000 ml。此溶液加至酸化过的碘化钾溶液中，遇淀粉不得产生蓝色。

第二，碱性碘化钾溶液：称取 500g 氢氧化钠溶解于 300～400mL 水中，另称取 150g 碘化钾（或 135g NaI）溶于 200mL 水中，待氢氧化钠溶液冷却后，将两溶液合并，混匀，用水稀释至 1000mL。如有沉淀，则放置过夜后，倾出上清液，贮于棕色瓶中。用橡皮塞塞紧，避光保存。此溶液酸化后，遇淀粉不应呈蓝色。

第三，硫酸（1+5）溶液。

第四，1% 淀粉溶液：称取 1g 可溶性淀粉，用少量水调成糊状，再用刚煮沸的水冲稀至 100 m1。冷却后，加入 0.1 g 水杨酸或 0.4g 氯化锌防腐。

第五，重铬酸钾标准溶液 [c（1 / 6K$_2$Cr$_2$O$_7$）=0.0250 mol / L]：称取于 105 ~ 110℃ 烘干 2h 并冷却的优级纯重铬酸钾 1.2258g，溶于水，移入 1000mL 容量瓶中，用水稀释至刻度，摇匀。

第六，硫代硫酸钠溶液：称取 3.2g 硫代硫酸钠（Na$_2$S$_2$O$_3$·5H$_2$O）溶于煮沸放冷的水中，加入 0.2g 碳酸钠，用水稀释至 1000mL，贮于棕色瓶中。使用前用重铬酸钾标准溶液（试剂（5））标定。标定方法如下：

于 250mL 碘量瓶中，加入 100mL 水和 1 g 碘化钾，加入 10.00mL 重铬酸钾标准溶液、5mL 硫酸溶液，密塞，摇匀。于暗处静置 5min 后，用待标定的硫代硫酸钠标准溶液滴定至溶液呈淡黄色，加入 1mL 淀粉溶液，继续滴定至蓝色刚好褪去为止，记录用量。

计算：

$$M\left(\text{Na}_2\text{S}_2\text{O}_3\right)=\frac{10.00\times0.0250}{V\left(\text{Na}_2\text{S}_2\text{O}_3\right)}$$

公式中：M（Na$_2$S$_2$O$_3$）—— 硫代硫酸钠溶液的浓度，mol / L；

V（Na$_2$S$_2$O$_3$）—— 消耗的硫代硫酸钠标准溶液体积，m1；

（5）分析步骤

第一，采样：将溶解氧瓶放入水中约 1.5m 以下，灌满，慢慢将瓶取出（整瓶灌满水）。

第二，溶解氧固定（一般在采样现场完成）：在采样后，用吸管插入溶解氧瓶的液面下加入 1mL 硫酸锰，1mL 碱性碘化钾。盖紧瓶盖（勿留气泡），把水样颠倒混合几次，待沉淀下降至瓶中部时再颠倒混合一次，静置数分钟，待沉淀物下降到瓶底。

第三，加入 1mL 浓硫酸，盖好瓶塞，颠倒混匀至沉淀物全部溶解，静置 5min。吸取 100mL 水样于三角瓶中，用 0.0250 mol / L 硫代硫酸钠标准溶液滴定至淡黄色，加入 1mL 淀粉，继续滴至蓝色褪去为止。

（6）计算

$$溶解氧\left(\text{O}_2,\ \text{mg}/\text{L}\right)=\frac{V\times M\times8\times1000}{100}$$

公式中：M—— 硫代硫酸钠溶液的浓度，mol / L；

V—— 水样消耗的硫代硫酸钠标准溶液体积，mL；

8—— 与 100mL 硫代硫酸钠标准溶液 [c（Na$_2$S$_2$O$_3$）=1.000 mol / L] 相当的以毫克（mg）表示氧的质量。

2. 注意事项

由于溶解氧与水温和气压有关，因而采样瓶不得有气泡，采样后必须立即固定。样品中亚硝酸盐超过 0.05 mg / L，三价铁低于 1 mg / L 时，采用叠氮化钠修正法；当三价铁超过 1 mg / L 时，采用高锰酸钾修正法；水样有色或有悬浮物，采用明矾絮凝修正法；含有活性污泥悬浊物的水样，采用硫酸铜 - 氨基磺酸絮凝修正法；氧化的有机物，如丹宁酸、腐殖酸和木质素等会对测定产生干扰；氧化或还原物质、能固定或消耗碘的悬浮物对本法有干扰；加入淀粉指示剂后要摇匀，并放慢滴定速度。

第三节 质量计量类专业技术（天平、衡器）

一、天平的检定内容。

天平的首次检定、后续检定和使用中检验内容共有6项，可以根据天平的结构选择其中的几项来进行检定。

具体检定内容如下：

①外观检查；

②天平的检定标尺分度值及其误差；

③天平的横梁不等臂性误差；

④天平的示值重复性误差；

⑤游码标尺、链条标尺称量误差；

⑥机械挂码的组合误差。

二、天平的检定目的

天平检定的目的，就是为了确保天平的准确性和可靠性，无论是新购买的天平还是使用过一定时间的天平，都应该对其计量性能进行检查，看其是否保持并符合国家计量检定规程

JJG98—2006《机械天平》的规定。天平的检定周期一般不能超过一年，使用频繁的天平或者怀疑有问题的天平，应适当缩短检定周期，根据情况可定为半年或一季度。

三、机械天平的检定注意事项

①天平应处于水平状态，天平平衡位置为零，并且无影响天平检定之故障。

②检定不能中途停止，否则应从头开始。

③检定过程中要精神集中，正确读数，认真记录，千万不要读错或记错，否则应重检。

④天平经过调修应停放一段时间后才能进行检定。Ⅰ级以上天平没动过刀子应该停放（2～3）h，动过刀子的天平应该停放48h；Ⅱ级以上的天平则应分别停放（1～2）h和24h。

四、机械天平检定的工具

①一对等重砝码（相当于天平的最大秤量，且两个砝码之间的误差不大于1个分度）。

②一盒标准砝码（配有砝码镊子一把），该砝码的扩展不确定度不得大于被检天平在该载荷下的最大允许误差的1/3。

③测天平标尺分度值的标准小砝码1个，其误差不大于标尺分度值的1/2。

④一个精度不低于8'的水平仪。

⑤一副称量手套。

⑥计算器一个。

⑦记录笔和天平检定记录表若干。

⑧分度值不大于0.2℃的温度计。

⑨相对准确度不大于5%的干湿度计。

五、天平的平衡位置计算

具有阻尼器的天平，以一次静止点读数作为天平的平衡位置。

对于无阻尼器的普通标尺天平，在开启天平后，往往需要经过长时间的摆动，方能达到静止位置。为了节约时间，我们可以读取天平指针在标尺两侧摆动连续3次的回转点读数，通过计算得出天平的最后平衡位置。

$$I = \frac{i_1 + 2i_2 + i_3}{4} \tag{6-1}$$

式中 I —— 天平的平衡位置；

i_1，i_2，i_3，—— 天平指针在标尺上测到的4次连续回转点中的前3次同转点读数。

六、天平阻尼减缩系数计算

(一) 天平的阻尼减缩系数

天平在摆动中，相隔一个周期的两次振幅之比过去叫作天平的摆动衰减比。用符号 "D" 来表示。而衰减比的倒数即是过去1990年版规程的减缩系数，也就是2006版《机械天平》的阻尼减缩系数，用符号 Z_j 表示。

$$D = \frac{A_{i+2}}{A_i} \tag{6-2}$$

式中：A_i —— 摆动中的任一次振幅；

A_{i+2} —— 相隔一周期的另一次振幅。

当 $D=1$ 时，$A_{i+2} = A_i$，说明天平摆动无衰减，这种情况是根本不存在的。这主要是因为地球引力和空气阻力等因素的影响,使摆动逐渐衰减,最后终将停止下来,因此,D 值总是小于1。如果 D 值越接近 1,则说明天平在摆动中受到外界因素的影响越小。从理论上讲,对于同一台天平,D 值应该是一个常数。但是,实际工作中,由于刀刃和刀垫的加工质量以及环境等因素的影响,D 值会随着天平摆动幅度的大小而变化。同时,震动、气流及其他外界因素的变化,也会促使 D 值发生变化。当然,减缩系数也会随之变化。

天平从平衡位置摆动到最远点的距离叫作振幅。摆动天平的振幅是标尺读数减去平衡位置的差值的绝对值。

$$A_i = |i_1 - I| \tag{6-3}$$

$$A_{i+2} = |i_{1+2} - I| \tag{6-4}$$

式中:A_i——天平摆动中的任一次振幅;

A_{i+2}——相隔一周期的另一次振幅;

i_i——天平摆动的第一次读数;

i_{i+2}——天平摆动的第三次读数;

I——天平的平衡位置。

因此衰减比为:

$$D = \frac{A_{i+2}}{A_i} = \frac{A_3}{A_1} = \frac{i_3 - I}{i_1 - I}$$

这里需要说明的是衰减比和衰减量的区别。衰减比是一个相对量,是无单位的;衰减量则是一个绝对量,它的单位是分度。衰减比和衰减量成反比关系,即衰减量越大,则衰减比就越小。所以,两者是两个根本不同的概念,切不可等同或混淆。

(二)测定天平平衡位置中的系统误差

摆动天平的平衡位置是经过公式计算得出的。如果连续读取 3 次,则平衡位置按公式(6-4)进行计算。如果连续读数 4 次,则平衡位置为:

$$I = \frac{i_1 + 3i_2 + 3i_3 + i_4}{8} \tag{6-8}$$

实践证明,在同一系列摆动中,使用不同公式计算,所得到的平衡位置是不相同的,原因是上面测定天平平衡位置的计算公式是近似计算公式。使用 3 个连续读数进行计算时的系统误差(推导略)为:

$$\Delta i_3 = \frac{1}{4}(i_1 - i_2)\frac{(1-\sqrt{D})^2}{1+\sqrt{D}} \tag{6-9}$$

使用 4 个读数进行计算时的系统误差(推导略)为:

$$\Delta i_4 = \frac{1}{8}(i_1 - i_2)\frac{(1-\sqrt{D})^3}{1+\sqrt{D}} \tag{6-10}$$

上述平衡位置的系统误差,可以根据 i_1、i_2 和 D 值计算出来。从公式(6-10)中不难看出,系统误差的大小, 取决于衰减量和衰减比的大小, 即(i_1、i_2 的差值越大, 则系统误差越大, 衰减比也减大,则系统误差越小。另一方面,系统误差的大小与读数的多少有关,即读数越多,系统误差就越小。

七、机械天平检定的计算公式。

(一) 机械双盘天平的检定标尺分度值及其误差,横梁不等臂性误差和天平示值重复性误差的计算公式

(1)天平的检定标尺分度值及其误差公式

①天平的检定标尺分度值公式

$$\left. \begin{aligned} e_{01} &= \frac{m_r^*}{|I_2 - I_1|} \\ e_{02} &= \frac{m_r^*}{|I_7 - I_6|} \\ e_{P1} &= \frac{m_r^*}{|I_5 - I_4|} \\ e_{P2} &= \frac{m_r^*}{|I_9 - I_8|} \end{aligned} \right\} \tag{6-11}$$

$$\left. \begin{aligned} e_0 &= \frac{1}{2}(e_{01} + e_{02}) \\ e_P &= \frac{1}{2}(e_{P1} + e_{P2}) \end{aligned} \right\} \tag{6-12}$$

式中: e_{o1}—— 天平空秤左盘分度值(mg/分度);

e_{o2}—— 天平空秤右盘分度值(mg/分度);

e_o—— 天平空秤左右盘平均分度值(mg/分度);

e_{p1}—— 天平全称量左盘分度值(mg/分度);

e_{p2}—— 天平全称量右盘分度值(mg/分度);

e_p—— 天平全称量左右盘平均分度值(mg/分度);

m_r^*—— 测定分度值用的标准砝码 r 的折算质量值;

$I_1, I_2, \cdots, I_9$ —— 天平检定中第 1, 2, $\cdots$, 9 步的标尺读数。

②天平检定标尺分度值误差分式（以分度为单位）

$$
\left.
\begin{aligned}
\ddot{A}N_{01} &= |I_2 - I_1| - \frac{m_r^*}{e_{标}^*} \\[1em]
\ddot{A}N_{02} &= |I_7 - I_6| - \frac{m_r^*}{e_{标}^*} \\[1em]
\ddot{A}N_{P1} &= |I_5 - I_4| - \frac{m_r^*}{e_{标}^*} \\[1em]
\ddot{A}N_{P2} &= |I_9 - I_8| - \frac{m_r^*}{e_{标}^*}
\end{aligned}
\right\}
\tag{6-13}
$$

$$
\Delta N_{012} = |(|I_2 - I_1|)| - |(|I_7 - I_6|)|
$$

$$
\Delta N_{P12} = |(|I_5 - I_4|)| - |(|I_2 - I_8|)|
\tag{6-14}
$$

式中：$e_{标}$ —— 标称检定标尺分度值（mg/ 分度）；

ΔN_{01} —— 空秤左盘误差（分度）；

ΔN_{02} —— 空秤右盘误差（分度）；

ΔN_{P1} —— 全秤量左盘误差（分度）；

ΔN_{P2} —— 全秤量右盘误差（分度）；

ΔN_{P02} —— 空秤左右盘误差（分度）；

ΔN_{P12} —— 全秤量左右盘误差（分度）。

③普通标尺天平的检定标尺分度值误差计算公式（以毫克为单位）：

空秤与全秤量时左盘上测得的分度值之差

$$
\Delta e_{10P} = |e_1 - e_{P1}|
$$

全秤与全秤量时右盘上测得的分度值之差

$$
\Delta e_{20P} = |e_{02} - e_{P2}|
$$

空秤时分别在左右盘上测得的分度值之差

$$
\Delta e_{012} = |e_{01} - e_{02}|
$$

全秤量时分别在左右盘上测得的分度值之差

$$
\Delta e_{P12} = |e_{P1} - e_{P2}|
$$

（2）天平的横梁不等臂性误差

①计算公式（以分度为单位）：

$$
Y = \pm \frac{m_k^*}{2e_P} \pm \left(\frac{I_3 + I_4}{2} - \frac{I_1 + I_6}{2} \right)
\tag{6-15}
$$

式中：Y —— 横梁不等臂性误差；

m_k^*——交换等重砝码之后在较轻的秤盘上所添加的标准砝码 k 的折算质量值;

I_1——天平检定的第 1 次读数。

②计算公式中的正负号选取规则

测定天平的横梁不等臂性误差时,若标准砝码 k 加在左盘,则 $m_k^*/2e_P$ 项前取正号;若标准砝码 k 加在右盘,则 $m_k^*/2e_P$ 项前取负号。在检定过程中,当天平的平衡位置 I_2 相对于 I_1 的代数值减小时,则圆括号前取正号;反之取负号。天平横梁不等臂性误差的结果是正值时,表示天平的横梁右臂长;反之,表示横梁左臂长。

（3）天平的示值重复性误差

根据天平检定中的步骤和次数,按下列公式计算出天平在空秤和全秤量时的示值重复性。

天平在空秤时的示值重复性

$$\Delta_0 = I_0(最大) - I_0(最小) \tag{6-16}$$

天平在全秤量时的示值重复性

$$\Delta_p = I_p(最大) - I_p(最小) \tag{6-17}$$

式中 Δ_0——天平空秤的示值重复性误差（分度）;

I_0（最大）——天平空秤的最大示值（分度）;

I_0（最小）——天平空秤的最小示值（分度）;

Δ_p——天平全秤量的重复性误差（分度）;

I_P（最大）——天平全秤量的最大示值（分度）;

I_P（最小）——天平全秤量的最小示值（分度）。

（二）单盘天平的检定

标尺分度值及其误差和天平示值重复性误差的计算公式

（1）空秤检定标尺分度值及其误差分别按式（6-18）和式（6-19）计算:

$$e = \frac{m_r^*}{|I_2 - I_1|} \tag{6-18}$$

$$\Delta N_0 = |I_2 - I_1| - \frac{m_r^*}{e_{标}} \tag{6-19}$$

空秤时和全秤量时的示值重复性按式（6-20）计算:

$$\Delta_0 = I_0(最大) - I_0(最小)$$

$$\Delta_p = I_p(最大) - I_p(最小) \tag{6-20}$$

式中符号与双盘天平的一样,这里不再解释。

（2）当单向微分标尺或数字标尺的分度数大于 100 时,应在标尺上测定均匀分布的

5 个点其中必须包括零,1/2 最大值和最大值,各点的检定标尺分度值误差的计算公式为:

$$\Delta N_{0j} = \left| I_j - I_0 \right| - \frac{m_r^*}{e_{标}^*} \qquad (6-21)$$

式中:ΔN_{0j}——第 j 个测定点的空秤检定标尺分度值误差;

I_j——测定标尺上的第 j 个点时的平衡位置读数;

I_0——测定零点时的平衡位置读数;

m_r^*——在称量盘上所添加的相应标准砝码的折算质量值。

(三) 天平机械挂砝码组合误差的计算公式

①机械加码组合误差的计算公式

$$K_{Aj}^* = K_{Bj}^* + \left(I_j - I_0 \right) e \pm \frac{m_{Aj}}{m_P} Y e_P \qquad (6-22)$$

式中:j——挂砝码标称值的代号;

K_{Aj}——挂砝码综合误差的修正值;

K_{Bj}^*——标准砝码的折算质量修正值;

m_{Aj}——标称值为 j 的挂砝码的标称值;

m_P——天平的量大秤量值;

Y——天平横梁的不等臂性误差;

I_j——测定挂砝码第 j 个组合的平衡位置;

I_0——相邻两个空秤平衡位置的平均值;

e_P——天平在全秤量时的检定分度值。

公式中正负号的取法是:在将机械加码装置的挂砝码放在天平秤盘上时,所读到的平衡位置相对于未加放挂砝码前的平衡位置的代数值减小时,圆括号前取负号;反之,取正号。

当天平的机械加码装置装在天平左臂时,则 $(m_{Aj}/m_P) \cdot Ye_P$ 的前面取正号;反之,取负号。另外当 $m_{Aj} \leqslant \frac{1}{5} m_P$ 时,Y 可以忽略不计;当 $m_{Aj} \geqslant \frac{1}{5} m_P$ 时,应考虑其误差。

②天平机械减码的组合误差计算公式

$$K_{Aj减}^* = K_{Bj}^* \pm (I_j - I_0) e_{标} \qquad (6-23)$$

式中各符号同前。

③公式符号的取法

公式中各符号的取法同前述。

④机械挂码的检定允许简化检定

对于组合方式为:1、1, 2、5,形式的机械挂码,允许在每一个数量级内,只检标称值的头一个数字为 1, 2, 3 (或 4) 5, 9 所对应的各组砝码。

第四节　温度检测类计量技术

一、标准水银温度计的检定

(一) 标准水银温度计简介

标准水银温度计属于膨胀式温度计,是利用水银(或汞基合金)在感温泡和毛细管内的热胀冷缩原理来测量温度的。

标准水银温度计由感温液(水银)、玻璃、标尺刻线、毛细管等组成,是通过毛细管中水银柱在刻线的位置读取温度的。

一套完整的标准水银温度计的测温范围是 -30℃~300℃(少量标准水银温度计测温范围为 -60℃~300℃),整套温度计应不少于 7 支。标准水银温度计的分度值为 0.1℃或 0.05℃。标准水银温度计应全浸使用。

标准水银温度计是检定中温段多种工作用温度计的标准器,可以检定工作用玻璃液体温度计、电接点温度计、温度变送器、铜-康铜热电偶、温度指示控制仪、半导体点温计、温度巡回检测仪、双金属温度计、压力式温度计等。

(二) 计量器具选择

检定标准水银温度计的标准器及配套设备如表 6-1 所示。

表 6-1　标准器及配套设备

设备名称		技术指标		用途
标准器		二等标准铂电阻温度计		检定用标准器
电测设备		相对误差 ≤ 3×6-5		标准铂电阻温度计配套测温显示设备
恒温槽	测量范围	温度均匀性	温度波动性 (10 分钟)	检定用配套设备
	-60℃~5℃		0.025℃	
	5℃~95℃	0.030℃	0.020℃	
	90℃~300℃		0.025℃	
水三相点瓶		扩展不确定度优于 0.001℃ (k=2)		检定标准水银温度计零位及测量标准铂电阻温度计水三相点电阻值
读数装置		放大倍数 5 倍以上,可调水平		读标准水银温度计示值
yix 冰点器		-		检定标准水银温度计的零位(可选)
制冰、碎冰装置、保温容器		-		制作冰点器或水三相点瓶保温

(三) 检定环境

检定环境应符合相应检定设备的技术要求。

（四）检定项目

标准水银温度计检定项目见表 6-2。

表 6-2　检定项目

检定项目	首次检定	后续检定
玻璃	+	+
感温液和感温液柱	+	+
刻度与标尺	+	-
几何尺寸	+	-
示值稳定性	+	-
毛细管均匀性及刻度等分均匀性	+	-
示值修正值	+	+
零位	+	+

注：表中"+"表示应检项目，"-"表示不检项目

（五）检定方法

1. 通用技术要求

（1）玻璃

标准水银温度计玻璃表面应光洁透明，应没有显见的弯曲现象，在刻度范围内应没有影响读数的缺陷。

标准水银温度计为棒式（含透明棒式）或内标式，非透明棒式温度计背面应熔入一条白色釉带。

毛细管孔径应均匀，毛细管与感温泡、中间泡、安全泡连接处应呈圆滑弧形，应没有颈缩现象。

（2）感温液和感温液柱

水银和汞基合金液体应纯净，没有显见的杂质。汞基合金在测量范围内应不出现凝固现象。

标准水银温度计感温液的液柱，应没有不可修复的断节。

感温液面随温度变化，上升时应没有明显的停滞或跳跃现象；下降后在管壁上应不留有液痕。

（3）刻度与标尺

标准水银温度计刻线应与毛细管的中心线相垂直。正面观察非透明棒式标准水银温度计时全部刻线和温度数字应投影在釉带范围内，内标式标准水银温度计的毛细管应紧固在标尺板的中央位置。

玻璃棒、玻璃套管和标尺板上的数字、刻线应清晰完整，涂色应无脱落。分度值为 0.05℃的标准水银温度计应每隔 1℃标注数字；分度值为 0.1℃的标准水银温度计应每隔 2℃标

注数字。温度计上、下限以外和零位刻线两侧应有不少于 10 条的扩展刻线。

标准水银温度计应有以下标识: 表示温度单位的符号"℃"、制造厂名或厂标、制造年月、编号等。

刻线应均匀, 刻线宽度不大于两相邻刻线间距的十分之一。

（4）几何尺寸

标准水银温度计零位刻线与感温泡上端的距离应不小于 40mm。标准水银温度计下限温度刻线与中间泡上端的距离应不小于 50mm。

标准水银温度计上限温度刻线与安全泡下端的距离应不小于 30mm。

测量下限温度低于 0℃的标准水银温度计, 其下限温度刻线与感温泡上端的距离应不小于 90mm。

标准水银温度计全长: -30℃～300℃范围内的每支温度计的长度应不超过540mm, -60℃～0℃的温度计的长度应不超过 560mm。

新制棒式标准水银温度计外径（7±0.5）mm。感温泡的外径应不大于温度计的棒体。

2. 示值稳定性检定

示值稳定性是以零位上升值和零位低降值来测定的。上限温度不低于 100℃的标准水银温度计在首次检定时应#行此项检查, 方法如下:

（1）恒温槽升至上限温度时插入标准水银温度计, 使温度计下限刻线处于液面位置, 30 分钟后取出自然降至室温, 检定零位 Z_1。

（2）恒温槽升至上限温度时插入标准水银温度计, 使温度计下限刻线处于液面位置, 24 小时后取出自然降至室温, 检定零位 Z_2。

（3）恒温槽升至上限温度时插入标准水银温度计, 使温度计下限刻线处于液面位置, 10 分钟后关闭恒温槽的加热电源。当温度计指示降至高于下限温度刻线 2℃左右时, 将温度计向下插入, 使上限刻线处于恒温槽液面, 随恒温槽自然冷却至室温附近时, 取出并检定零位 Z_3。

（4）零位上升值由 Z_2 减去 Z_1 得出, 零位低降值由 Z_2 减去 Z_3 得出。检定结果应符合表 6-3 要求。

表 6-3 标准水银温度计示值稳定性

上限温度 /℃	零位上升值应不超过 /℃	零位低降值应不超过 /℃
100	0.02	0.05
150, 200	0.03	0.10
250, 300	0.05	0.25

3. 毛细管均匀性及刻度等分均匀性检定

首次检定标准水银温度计, 应抽检两相邻检定点的中间点示值修正值。

4. 示值修正值检定

（1）检定注意事项

①标准铂电阻温度计插入恒温槽内的深度应不小于 250mm，通过标准铂电阻温度计的电流应为 1mA。用新测得的水三相点的电阻值 R_{tp} 计算实际温度。②检定温度点偏离环境温度较大时，标准水银温度计插入恒温槽前需要预热或预冷。③被检标准水银温度计要按全浸方式垂直插入恒温槽内，露出液柱长度不大于 15 个分度值，恒温槽温度稳定 10 分钟后方可读数。恒温槽温度偏离检定温度应控制在 0.2℃以内（以标准器为准），且测温介质液面应充满至槽盖表面。一个检定点读数完毕，槽温变化应不超过 0.02℃。

（2）检定方法

①示值修正值检定采用比较法。

②检定顺序：以 0℃为界，分别向上限或下限方向逐点进行检定。

③检定温度点：分度值为 0.05℃的标准水银温度计，检定间隔为 5℃；分度值为 0.1℃的标准水银温度计，检定间隔为 10℃。

④用读数装置观测标准水银温度计的示值。读数前要调节好它的水平位置，确保视线与温度计刻线垂直。读数时只读取偏离检定名义温度的温度偏差，读数时应估读到分度值的十分之一，高于名义温度读数为正，低于名义温度读数为负，按标准→被检→被检→标准的读数顺序读取两个循环（共四个数据）。

5. 零位检定零位检定可采用定点法或比较法。

零位的检定可在恒温槽或冰点器中按比较法检定，也可以在水三相点瓶中测量。不同范围的标准水银温度计零位检定顺序见表 6-4。温度计垂直插入温场时，零位刻线高出冰面（或液面）不超过 10 个分度值，稳定后用读数装置读取两个循环共四个数据。

表 6-4　不同测量范围标准水银温度计的零位检定顺序

测量范围	下限温度检定后	上限温度检定后	备注
25℃～50℃	-	+	
50℃～75℃	-	+	
75℃～100℃		+	上限温度检定后的零位作为该量程各检定点的零位
50℃～100℃	-	+	
100℃～150℃	+	+	
150℃～200℃	+	+	
200℃～250℃	+	+	
250℃～300℃	+	+	

注：表中"+"表示应检项目，表示不检项目

（六）检定周期

标准水银温度计的检定周期应不超过 2 年。

三、工作用玻璃液体温度计的检定

（一）工作用玻璃液体温度计简介

工作用玻璃液体温度计是利用在透明玻璃感温泡和毛细管内的感温液体随被测介质温度的变化而热胀冷缩的作用来测量温度的。

工作用玻璃液体温度计按感温泡与感温液柱所呈的角度可以分为直型和角型温度计；按结构可分为棒式温度计和内标式温度计两种形式。

工作用玻璃液体温度计按分度值可分为高精密温度计和普通温度计两个准确度等级；按用途可分为一般用途玻璃液体温度计、石油产品试验用玻璃液体温度计、焦化产品试验用玻璃液体温度计。

工作用玻璃液体温度计按照分度值及用途的分类见表 6-5。

表 6-5　工作用玻璃液体温度计按分度值及用途的分类

准确度等级	分度值 / 随时随地	工作用玻璃液体温度计		
		一般用途玻璃液体温度计	石油产品试验用玻璃液体温度计	焦化产品试验用玻璃液体温度计
高精密温度计	0.01，0.02，0.05	高精密玻璃水银温度计	高精密石油用玻璃液体温度计	高精密焦化用玻璃液体温度计
普通温度计	0.1，0.2，0.5，1.0，2.0，5.0	普通玻璃液体温度计	普通石油用玻璃液体温度计	普通焦化用玻璃液体温度计

（二）检定环境

环境温度在 15 ~ 35℃，同时应满足标准器及配套电测设备相应的环境要求；要满足防止水银外漏污染环境的条件。

（三）检定项目

工作用玻璃液体温度计的检定项目见表 6-6。

表 6-6 工作用玻璃液体温度计的检定项目

检定项目	首次检定	后续检定	使用中检查
通用技术要求	+	-	-
	-	+	+
示值稳定度	+	-	-
示值误差	+	+	+
线性度	+	-	-

注: 示值稳定度只适用温度上限高于 100℃ 且分度值为 0.1℃、0.05℃、0.02℃ 和 0.01℃ 的玻璃温度计。表中 "+" 表示应检定, 表示可不检定

（五）检定方法

1. 通用技术要求

（1）首次检定温度计

以目力、放大镜、钢直尺观察温度计是否符合下述要求。

①刻度与标注

标准水银温度计刻线应与毛细管的中心线相垂直。刻度线、刻度值和其他应清晰, 涂色应牢固, 不应有脱色、污迹和其他影响读数的现象。

在温度计上、下限温度的刻度线以外, 应标有不少于该温度计最大允许误差的扩展刻线。有零点辅助刻度的温度计, 在零点刻度线以上和以下的刻度线应不少于 5 条。

两相邻刻线间的距离应不小于 0.5mm, 刻线的宽度应不超过两相邻刻线间距的 1/10。

内标式温度计刻度板的纵向位移应不超过相邻两刻度线间距的 1/3。毛细管应处于刻度板纵轴中央, 应没有明显的倾斜, 与刻度板的间距应不大于 1 mm。

每隔 10 ~ 20 条刻度线应标志出相应的刻度值, 温度计的上、下限也应标志相应的刻度值。有零点的温度计应在零点处标志相应的刻度值。

标准水银温度计应有以下标识: 表示温度单位的符号 "℃"、制造厂名或商标、制造年月。高精密温度计应有编号。全浸式温度计应有 "全浸" 标志; 局浸式温度计应有浸没标志。

②玻璃棒和玻璃套管

玻璃棒和玻璃套管应光滑透明, 无裂痕、斑点、气泡、气线或应力集中等影响读数和强度的缺陷。玻璃管套内应清洁, 无明显可见的杂质, 无影响读数的朦胧现象。

玻璃棒和玻璃套管应平直, 无明显的弯曲现象。

玻璃棒中的毛细孔和玻璃套管中的毛细管应端正、平直, 清洁无杂质, 无影响读数的缺陷。正面观察温度计时液柱应具有最大宽度。毛细孔（管）与感温泡、中间泡、安全泡连接处均应呈圆滑弧形, 不应有颈缩现象。

现代计量技术与计量管理

棒式温度计刻度线背面应熔入一条带颜色的釉带。正面观察温度计时，全部刻度线的投影均应在釉带范围内。

③感温泡、中间泡和安全泡

棒式温度计感温泡的直径应不大于玻璃棒的直径；内标式温度计感温泡的直径应不大于与其相接玻璃套管的直径。

温度计中间泡上端距主刻度线下端第一条刻度线的距离应不小于30mm。

温度计安全泡呈水滴状，顶部为半球形。上限温度在300℃以上的温度计可不设安全泡。无安全泡的温度计，上限刻度刻线以上的毛细管长度应不小于20mm。

④感温液和感温液柱

水银和汞基合金应纯净、干燥、无气泡。有机液体的液柱应显示清晰、无沉淀。

感温液柱上升时不应有明显的停滞或跳跃现象；下降后不应在管壁上留有液滴或挂色。除留点温度计以外，其他温度计的感温液柱不应中断、不应自流。

（2）后续检定的温度计应着重检查温度计感温泡和其他部分有无损坏和裂痕等

感温液柱若有断节、气泡或在安全泡、毛细管壁等处留有液滴或挂色等现象，能修复着，经修复后才能使用。

2. 示值稳定度的检定

首次检定的温度上限高于100℃且分度值为0.1℃、0.05℃、0.02℃和0.01℃的玻璃液体温度计应进行此项目的抽样检定。

（1）有零点的玻璃液体温度计应浸没在下限温度计刻度处以局浸方式在上限温度点恒温15分钟取出，自然降至室温，立即测定第一次零点位置。

再将玻璃液体温度计浸没在下限温度计刻度处以局浸方式在上限温度点恒温24小时取出，自然降至室温，立即测定第二次零点位置。

用第二次零点位置的数值减去第一次零点位置的数值，即为示值稳定性。

（2）无零点的玻璃液体温度计可按上述类似方法测定上限温度的示值变化，即示值稳定度。

温度上限高于100℃且分度值为0.1℃、0.05℃、0.02℃和0.01℃的玻璃液体温度计的示值稳定度应符合表6-7的要求。

表6-7　玻璃液体温度计示值稳定度要求

分度值 /℃	0.1	0.05	0.02	0.01
示值稳定度 /℃	0.05	0.05	0.02	0.01

3. 示值误差检定

工作用玻璃液体温度计示值误差的检定结果以修正值形式给出。

（1）温度计检定点间隔的规定

一般用途温度计检定点间隔的规定见表6-8。

表 6-8　检定点间隔

分度值 /℃	检定点分度 /℃
0.1	10
0.2	20
0.5	50
1、2、5	100

当按表 6-8 规定所选择的检定点少于 3 个时,则应选择下限点、上限点和中间有刻度值的点共三个温度点进行检定。

（2）示值误差的检定方法

①标准温度计和被检温度计按规定浸没方式垂直插入恒温槽中。标准铂电阻温度计插入深度应至少为 250mm;全浸式温度计露出液柱高度应不超过 10mm;局浸式温度计应按浸没标志要求插入恒温槽中。检定顺序一般以零点为界,分别向上限和下限方向逐点进行。检定高精度温度计开始读数时,恒温槽实际温度（以标准温度计为准）偏离检定点应不超过 0.1℃。检定普通温度计开始读数时,恒温槽实际温度偏离检定点应不超过 0.2℃。
②温度计插入恒温槽中要稳定 10 分钟以上才可读数,高精密玻璃液体温度计读数前要轻敲。读数时视线应与玻璃液体温度计感温液柱上端面保持在同一水平面,读取感温液柱上端面的最高处（水银）或最低处（有机液体）与被检点温度刻线的偏差,并估读到分度值的十分之一。先读取标准温度计示值（或偏差）,再读取各被检温度计的偏差,其顺序为标准→被检 1→被检 2→…→被检 n,然后再按相反顺序读数返回到标准。分别计算标准温度计示值（或温度示值偏差）的算术平均值和各被检温度计温度示值偏差的算术平均值。
③高精密温度计读数四次,普通温度计读数两次。读数要迅速、准确、时间间隔要均匀。
④被检温度计零点的示值检定可以在冰点器或恒温槽中用比较法进行。温度计在测量零点前应在冰水中预冷 10 分钟左右。⑤标准水银温度计在冻制好的水三相点瓶或在冰点器中测量其零点位置。如果零点位置发生变化,则应使用下式计算出各温度点新的示值修正值。新的示值修正值 = 原证书修正值 +（原证书中上限温度检定后的零点位置－新测得的上限温度检定后的零点位置）。⑥标准铂电阻温度计在每次使用后,应在冻制好的水三相点瓶中使用同一电测设备测量其水三相点示值。以激测得的水三相点示值,计算实际温度。

（3）局浸温度计露出液柱的温度修正

局浸式温度计应在规定的条件下进行检定。如果不符合规定的条件,应对温度计露出液柱的温度进行修正。

在检定局浸式高精密温度计时,应将辅助温度计与被检温度计捆绑在一起,使辅助温度计感温泡与被检温度计充分接触,将辅助温度计感温泡底部置于被检温度计露出液柱的下部 1/4 处,测量被检温度计露出液柱的平均温度。

4. 线性度的检定

首次检定的玻璃液体温度计要对相邻两检定点间的任意有刻度值的一个温度点进行抽检。高精密温度计抽检点的实际示值误差与使用两相邻检定点示值误差内插公式计算出的示值误差之差应不大于相应分度值；普通温度计被抽检点的实际示值误差与使用两相邻检定点示值误差内插公式计算出的示值误差之差应不大于相应最大允许误差的要求。

(六) 检定周期

工作用玻璃液体温度计的检定周期应根据使用情况确定，一般不超过 1 年。

三、玻璃体温计的检定

(一) 玻璃体温计简介

玻璃体温计是具有最高留点结构的医用温度计。它是利用水银或其他金属液体在感温泡与毛细孔（管）内热膨胀作用来测量温度，同时在感温泡与毛细孔（管）连接处的特殊结构能在温度计冷却时阻碍感温液柱下降，保持所测体温值。

(二) 计量器具选择

标准器与配套设备见表 6-9。

表 6-9　标准器与配套设备

序号	设备名称	技术要求	用途
1	标准温度计	测量范围：34.5℃～44.5℃ 分度值：不大于 0.05℃	标准器
2	新生儿棒示体温计用标准温度计	测量范围：29.5℃～40.5℃ 分度值：不大于 0.05℃	标准器
3	恒温槽	工作区域最大温差的绝对值不应超过：0.01℃ 恒温时温度波动不应超过：±0.01℃/10min	恒温设备
4	水三相点瓶	—	测量标准温度计的零位
5	读数望远镜	—	读取标准温度计的示值
6	放大镜	—	读取体温计的示值
7	读数显微镜	分度值 0.01mm，允许误差限 ±0.01mm	读取标度线宽度
8	钢直尺	分度值 1mm，允许误差限 ±0.2mm	读取毛细孔宽度
9	偏光应力仪	—	检查温度计应力集中现象
10	离心机	加速度调节范围为 70～500m/s2	使感温液退缩到感温泡内
11	转速表	准确度等级为二级	测量离心机转速

（三）检定环境

环境温度在 15℃～30℃，要满足防止水银外露污染环境的条件，地面和检定台面必须光滑、不渗透，检定台面必须有凸缘，地面可冲洗。

（四）检定项目和检定方法

玻璃体温计首次检定项目如下。

1. 标度和标志的检查

以目力、钢直尺、读数显微镜观察体温计的标度和标志。

（1）体温计的标度线、标度值和标志应清晰，颜色应牢固。不应有脱色、污迹和其他影响读数的现象。

（2）体温计的标度线应正直并垂直于毛细孔（管）。正面观察体温计时，主要标度线应与毛细孔（管）相交。

（3）体温计的分度值为 0.1℃。标度线应分布均匀。两相邻标度线中心的距离不应小于 0.55mm，新生儿棒示体温计两相邻标度线中心的距离不应小于 0.50mm。

（4）棒式体温计标度线宽度应为（0.25±0.05）mm，1℃标度线长度应长于或等于 0.5℃标度线，0.5℃标度线应长于 0.1℃标度线。

（5）内标式体温计标度线宽度应为（0.20±0.05）mm，1℃标度线长度应长于或等于 0.5℃标度线，0.5℃标度线应长于 0.1℃标度线。

（6）标度值中心与相应标度线位置差不应超过两相邻标度线的距离。人体用体温计必须标有数字"37"和"40"，新生儿棒示体温计必须标有数字"30""37"和"40"，兽用体温计必须标有数字"38"，其于标度值可只用个位数。

（7）体温计应具有以下标志：制造厂名或商标，表示国际温标摄氏度的符号"℃"，制造年代（以两位数或四位数表示），强检标志等。

2. 玻璃棒和玻璃套管的检查

以目力、钢直尺、偏离应光仪观察体温计玻璃。

（1）玻璃棒和玻璃套管应光滑透明，不应有裂痕、斑点、气泡或气线等影响强度和读数的缺陷。玻璃套管内应清洁，无明显可见的杂质，不应有影响读数的朦胧现象。

（2）玻璃棒和玻璃套管应正直，粗细均匀，不得有明显的弯曲现象。

（3）玻璃棒中的毛细孔（管）和玻璃套管中的毛细管应正直，粗细均匀，不得有影响读数的缺陷。

（4）有三棱镜放大要求的棒式体温计，玻璃棒背面中部应衬以乳白色或其他颜色的釉带。正面观察体温计时，玻璃棒中的毛细孔与全部标度线的投影均应在釉带范围内。毛细孔经棱镜放大后显像应清晰鲜明，其宽度：三角形棒式、新生儿棒示体温计不应小于 1.2mm；元宝型棒式不应小于 0.8mm。

（5）体温计不应出现应力集中现象。

3. 内标式体温计标度板的检查

以目力观察内标式体温计标度板。

内标式体温计标度板应平直，不应有影响读数的朦胧现象。

内标式体温计标度板与连有毛细管的玻璃套管应牢固地连接在一起。

4. 体温计顶端的检查

以目力和触摸方式检查体温计的顶端。

体温计的顶端应光滑，防止使用时损伤身体。

5. 感温泡的检查

以目力观察感温泡。

感温泡不应有影响强度的划痕、气线、气泡和擦毛等缺陷。感温泡与玻璃棒或玻璃套管熔接部位应熔接牢固、光滑，不应有明显的歪斜。

6. 感温液的检查

以目力观察感温液。

（1）感温液应纯净、干燥、无气泡

感温液在体温计毛细孔（管）内移动后，毛细孔（管）壁上不应有附着感温液的痕迹。

感温液不应有中断、自流（玻璃体温计在一定时间内的示值稳定性）和难甩。

（2）感温泡内气泡的检查

只对棒式体温计进行检查，内标式体温计不做检查。

将棒式体温计感温泡向外放入离心机中顺甩，将感温液柱甩至 35℃（新生儿棒式体温计感温液柱甩至 30℃）标度线以下，放在 35℃（新生儿棒式体温计为 30℃）恒温槽中，稳定 3min 使感温液柱上升，然后取出体温计放在接近 0℃ 的冰水中冷却 3min 后，立即将其感温泡指向转轴中心放入离心机中以 120m/s² 左右的离心加速度倒甩，使感温液柱从体温计留点处断开。再将体温计放在接近 0℃ 的冰水中冷却感温泡 3min，然后放入约 44℃ 的恒温槽中使感温液柱上升连接，最后将体温计感温泡向外放入离心机中以大约 75m/s² 的离心加速度顺甩，然后检查感温液柱，不应有超过 2mm 的断节。不符合要求的体温计可再检定两次，两次检定都合格时也可做合格处理。

（3）感温液柱中断的检查

体温计感温液柱在升降过程中，以目力观察其结果不应有中断。

（4）感温液柱自流的检查

使体温计的感温液柱低于表 6-10 中要求的浸泡温度，然后按表 6-10 的要求将体温计浸泡在恒温水槽中，恒温约 3 分钟后，使恒温在 2min 内均匀下降 1℃，取出体温计进行读数。体温计的感温液柱应不低于表 6-10 中规定的检查温度标度线。

表 6-10 感温液柱自流检查的浸泡温度和检查温度

体温计类型	浸泡温度 /℃	检查温度 /℃
（人体用）体温计	42.5	42.0
新生儿棒示体温计	40.5	40.0
（兽用）体温计	43.5	43.0

7. 示值检查

（1）检定方法

检定时环境温度应在 15℃～30℃，使体温计的感温液柱低于检定温度。体温计的检定温度见表 6-11。必要时也可抽检其他温度。

表 6-11 体温计检定温度

体温计类型	检定温度 /℃
（人体用）体温计	37、41
新生儿棒示体温计	35、39
（兽用）体温计	38、42

被检体温计浸入深度不小于 60mm。恒温槽实际温度偏离检定点不超过 ±0.2℃。将被检体温计放入已恒定的恒温槽中，约 3min 后将其取出水平放置，1min 后进行读数。用于标准温度计进行比对南方法进行读数。

体温计的示值误差允许限为：-0.15℃，+0.10℃；新生儿棒示体温计的示值允许误差限为 ±0.15℃。

经检查示值超差的体温计可再检定两次，两次检定都合格时也可做合格处理。

（2）数据处理

当标准电阻为分度值小于 0.05℃ 的标准水银温度计或不带零位的标准体温计时，体温计的示值误差按下式计算：

$$y = t - (T + A)$$

式中，y——体温计的示值误差；

t——体温计的示值；

T——标准温度计的示值；

A——标准温度计的修正值。

当标准温度计为标准铂电阻温度计时，体温计的示值误差按下式计算：

$$y = t - t_s$$

式中，t_s——标准铂电阻温度计的示值。

第七章　计量技术的应用实践

第一节　民生计量技术

计量是经济建设、科技进步和社会发展的一项重要的技术基础，而民生计量更是与人民群众的安全、健康和切身利益密切相关，特别是在诚信计量方面显得尤为突出，计量在贸易中的准确性、公正性也逐渐成为贸易结算的焦点。通过分析诚信计量体系、集贸市场衡器计量器具检定的现状、今后面临的形势和计量技术机构检测能力的提升。我们探讨出只有加强诚信计量体系和商贸衡器检定的有效管理，大力提升计量技术机构检测能力，才是改善民生、体现执政为民，促进社会和谐的有效途径。

党中央国务院提出了关注民生，构建社会主义和谐社会的总体要求，因此贯彻落实关注民生、计量惠民是我国政府以民为本，民生为先的又一必然要求。民生计量以维护百姓切身利益为出发点和落脚点，以贯彻计量法律、法规为核心，解决政府关注、百姓关心的带有普遍性的计量问题。

民生计量与广大人民群众密切相关，目前社会在市场经济的调整下，部分生活必须商品的价格上涨速度过快，已成为影响人民群众生活质量的重要因素，而计量在贸易中的准确性、公正性也逐渐成为贸易结算的焦点。然而近年来计量诚信问题越来越受到人民的关注，计量作弊行为也日益猖獗，构建和谐社会给我们提出了更多的要求。

一、建立诚信计量保证体系，提升民生计量服务能力

积极创新民生计量工作模式，倡导诚信与打击违法结合，加强服务于严格监管并举，建立起完善的诚信计量保证体系，使民生计量工作由注重监管向建立长效机制转变，努力营造和谐、诚信的市场环境，让老百姓得到真正的实惠。

首先，创新计量监管模式，提升技术服务能力。一是开展严厉打击计量欺诈的专项整治行动。二是建立起计量监督志愿者队伍，发挥社会监督作用畅通各种举报渠道，扩大群众监督参与面。三是提高经营者的诚信意识。四是加强民生计量宣传，让老百姓了解计量

知识,掌握计量器具的使用常识,并自觉与计量违法行为作斗争。

其次,围绕建设政府民心工程,加强诚信计量体系建设。努力将诚信计量工作纳入县政府民心工程,积极创建诚信计量集贸市场、加油机等,建立诚信计量承诺机制和计量投诉处理机制,加大监管力度,特别是较强对计量器具维修单位及计量器具维修从业人员的监管。计量维修单位应取得《制造计量器具许可证》或《维修计量器具许可证》,维修人员应取得维修上岗证,方可对外进行计量器具的维修。树立诚信计量先进典型,逐步建立起诚信计量的长效机制,推动诚信和谐社会建设。

二、市场使用衡器现状分析

通过多年来对集贸市场结算中用计量衡器的检定工作,我们对市场常见使用的流通衡器种类分为电子秤、台秤、案秤和弹簧度盘秤四类,而台秤、案秤和弹簧度盘秤因其结构原理特点使用量分别只占总量的 4.5%、10% 和 15%,也就是说在市场有 70% 以上的经营者使用的都是电子秤,电子秤以称重速度快、显示直观,准确度相对高,赢得消费者和经营者的信赖。随着科技的发展以高科技篡改计量数据的作弊行为日益猖獗,计量作弊行为屡打不绝,且呈现出道高一尺魔高一丈的态势。作为技术机构我们在日常检定工作中发现电子秤的主要作弊方式:一是开关装置,即电子秤在称重过程中通过开启开关后会使实际示值增加预先设定的定值重量,达到多称少给的目的。二是隐形价格装置,电子秤在称重过程中通过价格按键的联动完成实际示值增加预先设定的各种定值重量,达到多称少给的目的。三是密码装置,电子秤在称重前期通过功能键和数字键设置启动密码性能,在称重过程中依据实际这两座相应调整使实际示值在按键上完成增加预先设定的一系列定值重量,达到多称少给的目的。四是遥控装置,在称重过程中通过遥控装置任意完成增加预先设定的各种定值重量,达到多称少给的目的。由于法定计量技术机构只履行计量检测的职责而无法执行计量执法的权力,因此对于检出的问题计量器具和使用不合格计量器具的这些行为人,如果不能及时制止让其承担相应的法律责任,这样的强制检定工作已经失去了意义,其后果就是造成大量衡器计量器具失控和失准,同时助长了不法商贩利用商贸衡器计量器具作弊,短斤少两,坑害消费者合法权益的歪风邪气,老百姓是苦不堪言、怨声载道。消费者和守法经营者不能从民生计量器具强制检定服务中受益。

三、商贸计量器具强制检定工作面临的形势

2009 年 1 月 21 日,国家发改委、财政部《关于适当降低计量检定收费标准及有关问题的通知》(发改价格 [2009]234 号)中明确提出,对用于贸易结算、安全防护、医疗卫生、环境监测方面的列入强制检定目录的工作计量器具应逐步实行免费检定,所需经费由同级财政部门保障。暂时不能实现免费的,收费标准要从低核定。至此,实行二十多年的工作计量器具强制检定一直实行着使用者付费制度开始由收费检定向免费检定转变,其影响

十分广泛、深远。

当前,在全国不少省市县集贸市场衡器的强制检定的检定方与受检方的矛盾十分突出,究其原因:一是市场群体的本身属于弱势,二是目前的法律制度已不适应市场经济和社会发展的要求。鉴于国内许多经济发达的省市计量行政部门开展了计量管理各种创新活动,有条件省市集贸市场商贸衡器实施四统一管理,条件不成熟的省市尝试对集贸市场在用衡器计量器具实施减费或免费检定,以便更好地履行计量管理职能。

四、大力提升计量技术机构检测能力,打造高素质计量工作队伍

加快建立民生计量检测项目,积极研究技术机构有效管理模式,提高管理和服务质量,确保计量检测的科学性、公正性和权威性。开展依法检定教育活动,强化检定人员的法制理念,提高检定人员业务素质,进一步规范检定行为。严格执行计量器具周期检定规程,检定规程明确规定:检定首次不合格的计量器具允许对量值进行调整,检定合格后可以使用。经调整检定合格的计量器具在本次检定中示值超差的,不再允许对量值进行调整,停止使用,并在计量器具显著位置粘贴不准使用标志,确保量值传递的准确可靠。此外,要经常开展衡器计量检定人员培训,加强计量法律法规的学习,提高检定人员的法制意识。检定人员要注重提高自身素质和专业技能水平,切实维护消费者的切身利益。总之,只有大力提升计量技术机构检测能力,规范检定工作的检定规程,提高检定人员的素质和保证检测设备的检测准确度,才能够为市场的公平竞争创造良好的计量环境。

五、加强协调,形成合力

民生计量是一项系统工程,做好“四进”为主要内容的民生计量工作,要求高,任务重,时间长,涉及行业多,服务点突出。要改变质监部门单打独斗的局面,寻求各相关部门的支持和配合,形成合力,沟通做好民生计量工作是自治区质监系统在本次专项行动的得成功经验之一。例如:在诚信计量进市场活动中,我们注重加强与工商、物价及市场主管单位的支持和配合;在健康计量进医院活动中,注重加强与卫生部门的支持和配合;在光明计量进镜店活动中,注重加强与当地商会行业协会的支持和配合,在服务进社区(乡镇)活动中,注重加强与基层组织的支持和配合。如2008年大新县质监局与工商局、卫生局联合下发了“关注民生,计量惠民”实施方案,共同开展专项行动,有力的促进了专项行动的顺利进行。我们将建立经常化的部门间民生计量沟通协调制度,保持持续的、长效的工作合力,构建各部门间相互联动的“大计量”工作局面。

综上所述,改善民生计量意义重大深远。我们必须以对党和人民高度负责的政治态度,切实把全面改善民生计量贯穿于发展中国特色社会主义事业总体布局的各方面,贯穿于全面建设惠及全县人民的小康社会的全过程。

第二节 工程计量专业技术

在我国工程计量是指依据国家发布的工程量计算规范和经审定通过的施工设计图纸、施工组织设计或施工方案以及其他有关技术经济文件计算工程量的工作，在招投标阶段工程量清单中列出的工程量是预测工程量，这些并不能作为施工承包人最终结算的依据。施工过程的工程计量是进行工程质量控制和工程进度控制的关键，也是工程结算的重要工作，所以做好工程计量工作对于工程管理来说是十分重要的工作。

一、工程计量常见问题

1. 工程量计算规范执行不力

这个问题既有客观原因也存在有主观原因，2003年3月我国颁布了《建设工程工程量清单计价规范》，之后2008年、2013年又分别颁布了第二版、第三版规范，每次规范改版虽然变化并不是颠覆性的变化，但是对于一直从事造价工作的专业技术人员来说需要逐步适应变化，在一段时间内会出现因不适应的而出现的计量错误问题，另一方面造价咨询从业工作者责任心不强，存在懈怠心理，随着信息技术的发展，计量软件大量走向市场，从业人员对于计量规范的学习与理解不求甚解，手算能力聊胜于无，对于专业技术的掌握比较差。

2. 计算方法不一致

现在计算软件种类比较多，原则上软件计算的稳定性和数据的正确性应该远远高于手算，但是因为算法不完全一致，个别软件编程人员对于计算规范的理解和实现方式不完全一致，甚至不完全正确，造成工程计量工作出现偏差，笔者在工作过程中就曾出现过使用两种工程量计算软件计算结果不一致的问题。

3. 部分施工图纸不能满足工程计量的要求

有些施工图纸对于建筑细部的一些设计不够细致、设计说明出现遗漏、设计深度不够、甚至平面图纸与大样图不一致的情况等都影响工程计量的准确性和完整性，还有部分专业的施工图纸中会给出部分工程详细数量，例如公路施工图纸、钢结构施工图纸、电气施工图纸等，有些造价从业人员在招标工程量清单编制时直接采用图纸中给出的工程数量。但是具体实践过程中有些施工图纸存在质量问题或难以满足计量工作需要等问题，例如：工程数量与设计图尺寸不一致、图表数量与设计平面图实际数量不一致等。这些问题一旦出现都会导致清单项目的工程量出现错误，在当前的客观条件下，在施工过程中少列的数量施工承包人一般会提出增补，但多列的数量往往不被发觉而正常计量了。

施工过程中建设单位、监理单位相关人员责任心不强，在不符合实际的相关计量签证上签署了不准确的意见，给工程计量带来不必要的偏差。

二、工程计量工作措施

1. 政策的完善

作为国家有关部门发布工程量计算规范应当慎重,作为整个行业都应遵循的准则,从设置项目及计算规则都应科学合理,长期有效,不应短期内发生大的变化,这样不利于从业人员掌握工程计量的最基本工具,容易在工作开展中出现不应有的错误,另外提高工程量计算规范的执行力,加强造价咨询行业从业人员的责任心、专业素质和职业素养势在必行,加强对规范的理解和掌握是减少和杜绝错误出现的最有效措施。

2. 应该进一步加强工程量

计算软件的市场准入监督,每一款工程量计算软件在推向市场前都应该经过严格的审查和验算,并组织相关专家对软件设计公司软件编程人员进行必要的专业知识培训,使其理解工程量计量规范的核心思想,掌握工程量计量规范的计算规则,保证计算软件计算出的数据绝对正确,不存在偏差。

3. 提高相关专业人员责任心和业务能力

减少施工图纸中存在问题和缺漏,避免因为施工图纸造成工程计量的错误。另外还应提高造价咨询行业从业人员的对于相关专业的掌握与理解,提高责任心。在招标工程量清单中直接引用施工图纸所列工程数量本身没有错,也是通常的做法,但是作为造价咨询从业人员应该具备基本的素质,了解设计所列工程数量与计算规范所需工程量存在意义不一致的情况,例如施工图纸所列不规则钢板工程量为实际工程量,清单所需工程量应按钢板外接规则矩形面积计算。再有楼宇智能化施工图纸中经常出现系统图与平面图中有关设备数量不一致的情况,都需要造价咨询人员格外注意。

4. 建设单位工程管理人员不断提高管理能力

掌握相关专业知识,提高职业操守。监理单位严格监理、控制质量、热情服务,严格按照合同和工程量计算规范真实计量,采用监理工程师与承包商计量代表在现场共同查验后,由计量监理工程师控制工程数量,再根据专业工程师评定的质量结果最终确认计量,这样能减少分歧,提高计量精度。尤其是对于隐蔽工程的计量更要加强管理,建立隐蔽工程多方联测、确认制度,在容易增加规模的隐蔽工程施工之前,应由承包人、监理单位、设计单位和业主四方代表联合对原始地形地貌数据等现场条件进行联测,对与设计图纸不符的具体情况进行书面确认,留存过程文件以备后期查验。在结算审核阶段,结算审核人员对于相关资料的查验也非常关键,对于存在前后关联的工程签证更要重点核查,检查前后工程签证是否存在矛盾之处,若有则需要重点审核。

工程计量是工程计价的基础工作,也是工程管理的基础工作,但它也是工程计价和工程管理的关键工作,工程项目的一切活动都围绕计量工作运行。在工程计量中,作为业主、设计单位、承包人、监理单位、造价咨询单位,分别负责工程项目实施的各个部分,对工程项目的所有投入、产出进行总体控制、监督,随时掌握工程的各项开展情况,根据相关文件和资料进行计量计价,最终达到工程管理的最终目标,促使工程项目合理节约资金,降低成本,促进工程管理各项工作的良性循环。

第三节　能源计量技术

能源消耗是企业重要成本支出,加强企业能源计量管理可以为企业带来巨大的经济效益,特别是高耗能企业,因此重视企业能源计量工作,完善的企业能源计量体制,是有效的管理手段之一。加强能源计量管理,提高能源利用效率,对保障经济发展后续能力,建立资源节约型和节能型社会具有十分重要的意义。

能源计量在能源生产、存储、转化、利用、管理和研究中,实现单位统一、量值准确可靠的活动。能源是人类社会赖以生存和发展的重要物质基础,能源的开发利用极大地推进了世界经济和人类社会的发展。我国是人口众多、资源相对不足的发展中国家,要实现经济社会的可持续发展,必须走节约资源的道路。企业能源消耗,特别是高耗能企业,如冶金、水泥、火力发电等行业的能源消耗占企业成本份额较大,因此企业能源计量管理可以为企业带来巨大的经济效益,重视企业能源计量工作,提高能源利用效率,节约能源,减少能源的浪费,是最有效的管理手段之一。下面就能源计量的作用谈几点看法:

一、能源计量是企业节能工作的基础

节能是指加强用能管理,采取技术上可行、经济上合理以及环境和社会可以承受的措施,减少从能源生产到消费各个环节(从开采、加工、转换、输送、分配到终端利用)的损失和浪费,更有效、合理地利用能源。节能目的是降低单位产值能耗,达到能源消耗最小化,经济效益的最大化。《节约能源法》第二十二条明确规定了"用能单位应当加强能源计量管理"。能源计量器具的配备和管理应达到《用能单位能源计量器具配备和管理导则》GB17167规定的要求。

能源计量与节能监测、能源审计、能源统计、能源利用状况分析是企业能源管理和节能工作的基础,而能源计量是基础中的基础。如果企业没有合理配备能源计量器具,能源管理部门就难以获得准确可靠的能源计量数据,对企业的节能监测、能源审计、能源统计、能源利用状况也就难以进行科学的分析和统计。从而无法为企业的能源管理和节能工作提供可靠、准确的指导方向,可能造成企业能源严重浪费,增加生产成本。由于企业能源的浪费,随之也会带来对环境的污染和破坏。因此,做好能源计量是企业加强能源管理、提高能源管理水平的重要基础,是企业贯彻执行国家节能法规、政策、标准,合理用能,优化能源结构,提高能源利用效率,提高经济效益和市场竞争力的重要保证,是国家依法实施节能监督管理,评价企业能源利用状况的重要依据。

二、能源计量是评价企业能源利用状况的重要依据

能源计量涵盖了工业生产领域的各个环节,从原材料采购、运输、物料交接、生产过程控制到成品出厂,都需要通过测量数据控制能源的使用,离开计量数据管理,就不能量化各生产环节的能源消耗,节能降耗就无法实施。第一,应用计量这种管理工具和手段,让企业对能源计量数据的采集、分析、处理、使用等实施有效管理,充分发挥能源计量数据在生产经营、成本核算、能源平衡和能源利用等工作中的作用,用科学准确的数据指导生产,最终达到节能降耗的目的。第二,计量也是一种工艺手段,可帮助企业建立科学合理的生产流程。第三,计量通过量值溯源为企业的生产工艺过程控制、科学研究等提供准确的基础性条件。工业企业作为能源消耗大户,增强节能意识,加强能源计量管理,提高能源利用效率,对保障经济可持续发展,建立资源节约型社会和节能型工业都具有十分重要的意义。没有准确可靠的能源计量,对企业的能源利用状况也就难以进行科学的分析和统计。因此,在节能监测、节能诊断、能源审计、能源统计、能源利用状况分析等能源管理中,能源计量是评价企业能源利用状况的重要依据。

三、能源计量是企业进行节能技术改造,提高能源利用率的重要基础

能源计量数据在技术方面的数据分析反映整个测量系统的情况,计量器具管理人员可以根据数据把检修、校验结合起来,及时发现失准、突然停表等问题。从数据中还可以分析出计量器具的选型的合理性,整个测量系统完备性,使用的合理性等是否存在问题。源计量数据在经济方面的分析从产量及能耗、季节变动、工艺变化、以及设备维修更新前后能耗的变化、能种变化等因素对能耗的影响等变动上进行对比,对能源数据分析技术进行了研究,找出适合能源计量数据处理的方法,对数据进行分析,挖掘节能需求,为企业提供一个科学、合理、优化的节能方案。从中提出最经济合理的节能措施或管理建议,供用能部门和企业领导决策,为节约能源当好参谋。做好能源数据的采集、分析和评估是为改进企业的能源管理,进行节能技术改造,提高能源利用率提供了科学依据。

四、能源计量是企业节能量计算的基础

要准确做好企业节能量计量首先是要做好能源计量工作,做好各种能源消耗量的统计和核算工作,可以利用物联网、传感网实现能源数据的采集。节能量的计算牵涉到能源统计的原始单位、当量热值、等价热值等概念。在进行计算时首先要确定能源统计的单位一致性,国际单位为焦耳,目前国内通用的是吨煤量、吨油量,注意单位之间的换算。同时当量热值与等价热值之间换算也在电能上存在差异。因此,能源计量是企业节能量计算的基础。

综上所述,能源计量在能源使用的流程中,是对各环节的数量、质量、性能参数、相关的特征参数等进行检测、度量和计算的过程。能源计量是能源统计、能源审计、编制节能规划的技术基础。能源是经济社会可持续发展的重要物质基础.加强能源管理,提高能源利用效率,是提高我国经济运行质量、改善环境和增强企业市场竞争力的重要措施,也是缓解当前经济社会发展面临的能源约束矛盾、建设节约型社会、实现经济社会可持续发展的根本保障。

第八章　计量管理体系

第一节　计量管理的原理和方法

一、计量管理理论

计量管理既然是一门学科,毫无疑问应该有它自己的基本理论。

计量活动是人类社会中一种普遍的社会实践,那么,伴随着这种实践的就是理论的思维,否则,就不能有效地指导实践,更不可能把计量管理上升到现代计量管理阶段。

我国计量管理历史悠久,可惜计量管理理论研究成果并不很多,对管理科学和数学在计量管理中的应用问题至今尚未取得决定性的突破,使很多人认为计量管理仅仅是一门应用技术,靠经验管理就行了。

近些年来,美国、日本等先后研究并论述了计量即测量方面的基本原理。日本对计测管理的定义、内容、特性等进行了研究和分析。

我国的计量工作者也对计量科学管理的基本原则、特性和方法等进行一些研究,现作扼要介绍。

(一) 计量管理的原则

有人提出,实现计量科学管理应遵循的六项基本原则:①系统原则。全国及各地区计量管理是一个个系统,要有全面观念,统筹规划,从整个系统到每个分系统来权衡利弊。②分工原则(分解综合原则)。首先把计量管理分解成一个个基本要素,根据明确的分工把每项工作规范化,建立责任制,然后进行科学的组织综合。③反馈原则。管理要有效、有活力,关键就在于有灵敏、准确而有力的反馈、决策、执行、反馈、再决策、再执行、再反馈,如此无穷尽地螺旋式上升,使管理不断改进、完善,不断提高水平。④封闭原则。系统内的管理必须封闭,才能形成有效的管理。⑤能级原则。不同能级的管理岗位,应该表现在不同的权力、物质利益和精神荣誉。要在其位、谋其政、行其权、尽其责、取其值、获其荣。反之，怠其职就惩其误。⑥经济原则。要以最少的费用获得最好的经济效果。

(二) 计量管理的特性

1. 统一性

统一性集中地反映在统一计量制度和统一量值两个方面。计量单位的统一是量值统一的重要前提，也是从事计量管理所追求的最基本目标。

2. 准确性

它表征的是测得值与被测量的接近程度。这是计量管理的命脉，也是实现统一的量的根本依据。一切计量管理研究的最终目的，都是为了寻求预期的某种准确度。

3. 法制性

就是将实现计量管理和发展计量技术的各个重要环节，如计量制度的统一、基准的建立、量值传递网的形成等，以法律、法规和各种规章的形式作出相应的规定。特别是对于那些对国计民生有明显影响的计量，诸如社会安全、医疗保健、环境保护以及贸易结算中的计量，更必须有法制保障。

4. 溯源性

任何一个计量结果，都能通过连续的比较链溯源到计量基准。所有的量值应溯源于国家计量基准或国际计量基准或约定的计量基准，使计量的"精确"和"一致"得到技术保证，"溯源"可以使计量结果与人们的认识相对统一。

5. 社会性

指计量管理涉及的广泛性。它与国民经济的各部门、人民生活的各个方面都有着密切的联系，对维护社会经济秩序、建立和谐社会起着重要的作用。

6. 服务性

我国是社会主义国家，计量是为各行各业服务的一项技术基础工作。因此，要倡导计量管理和测试服务相结合。在计量管理中要体现服务，在服务中要贯彻管理的原则。

7. 群众性

这是指在计量管理中首先要考虑广大人民群众的利益，即保证群众利益免受计量不准或不诚实测量所造成的危害。同时，也是指在计量管理中，既要发挥专职计量人员的作用，也要充分发动群众参与计量管理，共同做好计量管理工作。

(三) 计量管理的方法

①法制管理方法。如制定计量法律、法规，建立健全计量执法机构，组织计量执法队伍，执行计量监督等。②行政管理方法。主要是指按行政管理体系，对所管理的对象发出的命令、指示，规定指令性计划，进行行政干预等。③技术管理方法。主要是指从研究各类计量器

具的技术特性出发,科学地制定计量器具的周期检定计划,不断提高计量人员的技术素质等。④经济管理方法。主要是研究如何以经济为杠杆,经济合理地组织量值传递,提高计量管理效率的办法和措施,以及提高计量投资的经济效益等。⑤系统管理方法。即将计量管理实践中的经验、数据积累上升为用数量、图表和符号来表达,从而建立起计量管理系统数学模型以指导一般。⑥宣传教育方法。即通过宣传计量在国民经济中的重要作用,普及计量科学知识,加强计量技术与管理教育,提高计量业务素质和法制管理水平,为计量管理打好思想基础。

上述计量管理原则特性和方法的理论探讨可归结为以下8个方面①计量管理的定义、概念;②计量管理的领域、内容;③计量管理的特性;④计量管理的基本原理和原则;⑤计量管理的方法;⑥计量管理的形式和方式;⑦计量体系的要素结构;⑧计量管理与其他管理科学的关系等。

二、计量管理的基本原理

计量管理的基本原理,是对计量活动过程中一些客观规律认识的总结,它既是计量工作中客观存在的客观规律,又是指导进行有效的计量管理的理论依据。

(一) 计量系统效应最佳原理

计量管理的根本任务就是组织和建立一个国家、一个地区、一个部门或者一个企业的计量工作网络,通过这个网络,把计量单位量值迅速、准确地传递到生产和生活实践中去,又把社会生产和生活中的测量值通过校准,溯源到国家以及国际计量基准上,从而保证经济建设、国防建设、科学研究和社会生活的正常进行。

这一个个计量工作网络就是一个个计量管理系统工程,它有着同其他系统工程一样的特征。

1. 集合性

计量管理系统都存在两个以上可以相互区别的单元。如计量管理人员与计量管理信息、长度计量管理和力学计量管理等,都是由两个以上单元有机结合起来的综合体。

2. 相关性

计量管理系统内各单元之间是相互联系又相互作用的;它们中任何一个单元发生问题,都可能损害整体。如企业计量管理系统内一个单位发生问题,都会使该企业的产品质量不合格。

3. 目的性

计量管理系统的目的性是很明确的,如一个国家、一个地区的量值要准确统一,而一个企业的计量保证体系就是要保证产品质量等。

4. 环境适应性

任何一个计量管理系统存在于一定的政治、经济和科学技术环境之中。它必然要受到政治、经济和科学技术环境的制约和促进。

5. 整体性

计量管理系统的整体性比任何其他系统更明显，它不仅在一个企业、一个专业、一个国家里是一个整体，而且超越国界，使整个世界计量体系形成一个整体。

计量管理的根本目的就是追求计量管理系统的效应最佳。为此，可提出计量管理的第一个原理：计量管理的最佳效应不是直接地从每件计量器具上体现出来，而是从整个计量系统内所有计量器具量值准确一致程度，所有计量信息数据准确可信程度上体现出来。

遵循这个原理，每个地区、每个行业以及每个企、事业单位都应该建立法制计量管理系统，并保证其依法有序运行。以实现全国法制计量的统一；而计量技术管理，更是要求每个地区、行业、单位的计量（测量）管理系统依据 ISO 10012《测量管理体系测量过程和测量设备的要求》，建立科学完善的测量系统。确保企业量值能追溯到国家计量基准，乃至国际计量基准。

钱学森早在 20 世纪 70 年代末期就提出："计量传递的体系、计量工作组织的体系也是一项系统工程""我主张计量工作要从系统工程的角度去考虑"。因此，自觉地运用系统工程，管理科学知识，如运筹学、规划论、决策论，网络计划等组建好计量管理系统工程，使它们发挥最佳效应，是做好现代计量管理工作的基础。

（二）计量管理两重性原理

马克思主义认为管理有两重性。就是说：管理一方面是由于许多个人进行协作劳动而产生的，是有效地组织共同劳动所必需的，因此它具有同生产力、社会化生产相联系的自然属性；另一方面，管理必然体现生产资料占有者指挥劳动、监督劳动的意志，因此它又具有同生产关系、社会制度相联系的社会属性。

两重性原理同样适用计量管理，这就提出了第二个计量管理原理：在计量管理过程中，既要重视计量管理的技术属性，又要重视计量管理的管理属性；既要严格实施法制计量管理，又要主动做好计量测试服务。

一般来说，计量监督就是以计量技术为手段、计量法规为依据的法定监督，它充分体现了管理的两重性。

具体地说计量管理要把技术和管理有机结合起来计量管理人员必须熟悉计量技术。要搞好我国的计量管理工作，就要有一大批既懂计量技术又懂管理科学的内行者。

要把计量监督和计量服务密切结合起来。法制计量管理具有严肃性和权威性，一般都由国家的法令、法律来统一计量制度，强化法制计量管理。我们应该加快计量管理法规的建设，健全完善的计量法规体系，同时要积极主动地开展各项计量测试服务工作，为工农业生产服务，为科研服务，只有二者密切结合，才能有效地做好计量管理工作。

计量管理系统中应该有一个正确合理的量值传递体系。各级政府计量管理部门应该首先抓好本辖区内强检计量器具的计量量值的传递体系工作，以统一量值。但是，又要让各单位在保证量值准确的前提下，打破行政区域就近校准溯源，还要允许其根据计量器具使用实际情况，确定检定/校准周期，这样"统而不死""活而不乱"，正是计量管理两重性原理的具体体现。

总之，计量管理中的两重性原理是普遍存在的，我们应经常自觉运用两重性原理，以利于制定和实施正确的计量管理方针政策和工作方法。

（三）量值传递与溯源原理

量值要准确、可靠，既可要求量值从国家基准器逐级传递到工作计量器具，又可要求量值从工作计量器具溯源到该量值的标准器和国家基准。如能实现量值的传递和溯源，那就说明计量管理是有效的，这就导出了计量管理中第三个重要的原理——量值传递与溯源原理。

测量系统中只有其每个量值信息数据是能溯源到计量单位量值的国际或国家基准或者是由某计量单位的国际基准或国家基准传递时，才是准确、可信、有效的。

因此，我们在计量认证、实验室认可、企业计量水平检查考评时，在新产品技术鉴定出具有关技术数据时，都要认真审查有关计量标准器、计量器具是否有合格证书，有效期是否在检定/校准周期内，分析测量系统是否受控，甚至还要用高一级精度的计量标准检定是否确实合格。实际上，这是闭环管理原理在计量管理中的具体应用。

计量管理系统中量值传递系统只有遵循量值溯源和反馈原理，形成了一个封闭环路系统时，才是有效系统。

遵循这个原理，每个单位既要认真按时作好计量标准器的检定，又要自觉作好计量器具的校准，以能够溯源到上级计量标准。

（四）社会计量效益最佳原理

计量管理本身是技术经济活动，是国家经济总体活动中一个重要基础的组成部分，要消耗人力、物力和财力，因此必然有一个经济效益问题。

但是，计量的经济效益又有很大部分是间接经济效益，这就是说，它的效益融合在整个国家、部门或企业的效益之中。它往往体现在节约上，而不是表现在增加收入上；它又常常与其他管理措施的效益混合在一起，而无法单独地计算出来。由于计量的经济效益具有这两个特点，就使计量管理活动应注重社会效益最佳。

"计量管理工作中，只有根据工农业生产、国防建设和科学研究的需要，设计和建立科学、经济、合理的计量系统或测量体系，才能发挥最佳的社会效益。"这就是计量管理的社会计量效益最佳原理。

根据这个原理，在建立量值传递或溯源系统时，要讲究科学性、经济性、合理性，做到用最少的费用，获得最大的经济效益。但更要讲究社会效益。

因此,计量部门要破除一家办计量和一地多级办计量的狭隘观念,要广泛联合各部门、各企事业单位计量机构,组成科学合理的社会计量网络,组织经济合理的量值传递或溯源系统。

而企业不仅要重视能获取经济效益的计量投入,而且也要重视一些不能直接使本企业获取经济效益但却能获取最佳社会效益的计量投入。如环境监测、安全卫生等方面的测量设备配置等。

三、计量管理的基本方法

任何一项管理,都有各种各样的管理方法,计量管理也不例外,其管理方法也是很多的,不能也不应该限定一种或几种管理方法。但管理方法是否先进、可行,往往关系到计量管理的成效。因此,我们又必须依据目前的计量管理条件和目的,研究并确定或推荐一些计量管理的基本方法。

(一) 行政管理方法

我国长期以来,在计量管理上一贯运用行政管理方法,按行政管理体制设置国家、省(市、区)、市(地、盟)、县(区、旗)政府计量管理职能机构。并以通知、通告、指示等各种行政文件形式自上而下进行计量行政管理。

行政管理方法能充分发挥各级政府的领导作用,能集中统一贯彻国家计量方面方针、政策,有计划地开展计量工作。目前,我国省级以下计量行政管理已改为各级政府领导,依据《行政许可法》等法律实行计量行政管理,使计量行政管理更为有效,但同时管理成效往往受各级政府行政部门领导人的领导水平、工作能力的影响较大。

(二) 法制管理方法

自从 20 世纪 80 年代中期实施《中华人民共和国计量法》以后,我国计量管理逐步转向以法制管理为主的方法。这就是通过制定计量法律、法规和规章,建立计量执法机构和队伍,开展计量法制监督,对计量工作实行"法治",即有法必依、执法必严、违法必究,对各种违反计量法律、法规和规章的行为依法施以处罚,追究其法律责任,以保证计量管理的顺利进行,维护国家和广大人民群众的利益。

由于法制管理方法具有法制性(即强制性),权威性高,统一性强,管理效果也好。多年来的依法计量管理实践充分证明这是一种有效的管理方法。但法制管理必须建立在法制意识较强的基础上,因此必须辅之以持久的普法宣传和教育。

(三) 技术管理方法

计量管理是以计量技术为基础的专业性、技术性很强的业务管理。毫无疑义,应该重视和运用各种技术管理方法,如:①认真开展科技创新,不断研发新技术、新方法,研制高水平的计量基准器；②依据我国计量基准、标准实际水平，制定科学合理的计量检定系统表，合理地组织量值传递和溯源；③根据我国计量器具的技术水平和使用环境，编制计量器具检定规程或校准规范；④根据计量器具的实际使用状况，科学地确定检定／校准周期；⑤建立和认真执行各项计量（实验）室技术管理制度或管理标准，确保各项计量工作正常开展；⑥组织计量人员的业务技术培训和教育及计量科研管理。

（四）经济管理方法

为了充分调动各级计量机构和科技人员的工作积极性、确保完成各项计量工作、促进计量面向全民经济服务和增强计量机构自我发展的能力，近些年来，各地各部门都运用了经济杠杆，实行以经济目标责任制为主要内容的经济管理方法。如：①认真研究计量投资的经济效益，合理安排和使用计量经费，提高计量工作投入产出比；②积极开展各项计量校准和测试服务，增加计量业务收入；③严格执行经济责任和经济奖惩制度，奖勤罚懒，拉开收入分配档次等。

（五）标准化管理的方法

标准化管理的方法就是对计量管理工作中重复事项通过制定标准、实施标准、再修订标准、再实施标准……以达到统一、获得最佳秩序、促进计量管理水平不断提高的方法。

我国对产品质量检验机构计量认证的办法，对生产与修理计量器具的企业实行许可证考核的办法计量器具型式评价等均是依据《产品质量检验机构计量认证技术考核规范》《计量器具型式评价通用规范》等标准规范进行的。实践证明，它们有效地促进了这些质检机构出具数据的可靠性和公正性，促进了有关企业生产或修理计量器具的质量。实际上也是运用了标准化管理方法。

第二节　计量工作规划、计划和统计

一、计量行政管理体系

（一）国务院计量行政部门

依据《计量法》，国务院计量行政部门负责推行国家法定计量单位；管理国家计量基准和标准物质；组织制订计量检定系统、检定规程和管理全国量值传递／溯源；指导和协调各部门各地区的计量工作。并对各地各部门实施计量法律、法规和规章的情况进行监督检查，规范和监督商品量的计量行为。

（二）省（市、自治区）政府计量行政部门

各省（市、自治区）计量行政管理部门的主要职责是：①贯彻实施国家有关计量工作的方针、政策和法律、法规，在不与国家计量法规相抵触的前提下，起草和制定本地区的计量地方法规和计量管理方面的地方计量法规，对违反计量法律、法规的行为进行处理。②组织规划和建立本地区各级社会公用计量标准器具及计量测试机构，认真按检定系统表组织进行量值传递／溯源，保证本地区计量单位制和量值的统一。③制定和组织实施本地区计量事业发展规划和协调本行政区域各地各部门计量工作。④组织本行政区域内各类计量人员的培训、教育和考核。⑤组织计量器具新产品型式评价，监督检查各地各部门计量工作情况，积极为社会提供计量测试服务。⑥规范市场计量行为，开展商品量监督。

20 世纪末期我国各省（市、自治区）级以下计量行政部门实行垂直管理体制后，还要负责领导各市（盟、州、地区）计量行政部门。21 世纪，省级以下计量行政管理部门由垂直管理改为地方政府分级管理体制，但在业务上接受上级计量行政管理部门的指导和监督。

（三）市（盟、州）计量行政部门

市（盟、州）计量行政部门（处、所）是市（盟、州）政府主管计量工作的职能机构，其内部组织机构一般根据本市（盟、州）实际需要设置。

市（盟、州）人民政府计量行政部门的主要职责是：①宣传贯彻国家和省（市、自治区）有关计量工作的方针、政策和法规，负责起草本市（盟、州）计量管理规章制度和有关计量方面的文件监督实施。②制定本市（盟、州）计量工作的长远规划和近期计划，组织领导和监督协调本市（盟、州）的计量工作。③组织本市（盟、州）的量值传递并负责监督检查执行情况。根据需要建立各项社会公用的计量标准项目，为本市（盟、州）工农业生产、科研和群众生活服务。④负责本市（盟、州）计量器具生产、修理、使用和销售等方面的监督管理。⑤组织本市（盟、州）各类计量技术人员和管理人员的业务、技术培训、考核和发证工作。⑥负责本市（盟、州）计量情报的收集、管理、研究、利用和计量技术咨询服务活动等。⑦领导各县（区）计量行政部门，协调各县（区）计量行政管理工作。

我国的工业城市一般是当地政治、经济和文化中心。市级计量行政管理也要相应强化，使其在我国计量管理网络中起到"中心作用"。

（四）县（区、旗）计量行政部门

县（区、旗）计量行政部门是我国计量行政管理体系中基础一级，也是任务最重、数量最多的计量行政管理部门。它们的主要职责与市级政府计量行政部门基本相同。但县级计量管理工作的重点是要把与人民群众生活十分密切的法制计量监督管理，以及把法定计量单位的贯彻实施工作认真抓好。

在江苏、山东、上海、浙江、福建等我国沿海经济发达地区，根据实际需要，已在部分乡、镇人民政府内设置计量管理机构或专职计量管理人员，以加强对本乡、镇的工农业生

产及社会经济活动中法制计量及辖区内的工业计量管理工作,使计量行政管理伸展到乡、镇一级。

二、计量技术保障体系

进入我国计量技术保障体系的计量测试机构必须至少具备下列4个方面的要求:①进行量值传递与溯源必须具有的国家计量基准、(各级)计量标准(标准物质)器具;②计量检定／校准工作必须按照国家计量检定系统表和计量检定规程或计量校准规范进行;③要有从事量值传递与溯源工作的计量技术机构和称职的计量检定与校准人员;④要建立文件化的质量体系,通过国家实验室认可,确保检定或校准数据(报告)的准确性和公正性。

(一)大区国家计量测试中心

大区国家计量测试中心是由国家市场监督管理总局根据中共中央[1962]402号文件批准建立,承担跨地区量值传递及检定测试任务的国家法定计量技术机构,是国家级量值传递体系和科研测试基地的组成部分,也是国家级量值传递和科研测试的基地之一。其主要任务是:①负责研究建立大区最高计量标准,进行量值传递,开展计量检定、校准及测试任务;②承担国家、地区经济建设急需的重大计量科研、测试任务,研制开发高准确度的计量标准器及测试仪器;③承担制、修订国家计量技术法规任务,研究解决区域性计量管理课题;④组织大区内计量技术与管理经验的交流和计量技术人员的培训;⑤开展大区间、大区内的计量标准比对工作,组织区域内省级计量标准核查工作;⑥为实施计量监督提供技术保证;⑦承办计量监督工作及国家质量总局下达的计量技术和管理的有关任务。

(二)地方各级计量测试技术机构

各省、市、自治区计量行政部门根据本省、市、自治区的计量事业需要设立的省、市、自治区计量测试研究院(所),为省、市、自治区法定计量技术机构,也是本省、市自治区的计量测试中心,负责本行政区域内的量值传递工作。

它们大多数拥有仅次于国家计量基准或工作基准水平的计量标准器,主要承担在一些社会法制计量专业领域内满足本省(市、区)内各地、市、县计量技术机构和企事业单位计量标准的量传检定要求。

省、市、自治区以下的地方各级、各类计量测试技术机构,应从满足地方经济发展的客观需要出发,以工业城市为中心统一规划设置,以便就地就近组织量值传递校准,成为计量测试机构所在地区的国家法定计量检定机构。省、市、区或地、市、县在同一地的,一般只设一个法定计量技术机构,以免机构重叠、业务交叉扯皮。这些法定计量技术机构的主要职责是:①建立社会公用计量标准,进行量值传递校准;②承担计量技术培训和考核;③进行计量仲裁检定;④为实施计量监督提供技术保证等。

有条件和必要的乡、镇也可设立小型、精干、适应当地企业计量工作需求的社会公用计量技术机构。

（三）专业计量技术委员会

技术委员会是在一定专业领域内从事有关计量技术工作的技术性组织，负责在本专业领域内制定国家计量技术法规和开展国家计量基准、标准国内量值比对的归口管理工作。为了保证全国量值的准确、一致，充分发挥计量专家在计量活动中的技术支撑作用；国家市场监督管理总局统一规划和组建全国专业计量技术委员会。

依据《全国专业计量技术委员会章程》，全国专业计量技术委员会职责为：①根据国家有关方针政策及经济社会发展的需要，定期向国家市场监督管理总局提出本专业发展趋势报告和采取相应措施的建议。②结合经济社会发展的实际需要，向国家市场监督管理总局提出本专业领域内制定、修订和宣传贯彻国家计量技术法规的规划和年度计划的建议，并按照国家市场监督管理总局批准的计划组织实施。③根据《国家计量基准、标准量值国内比对管理办法》，以及本专业领域内计量基准、标准量值传递和溯源的需要，向国家市场监督管理总局提出本专业领域内计量基准、标准年度比对计划，并按照国家市场监督管理总局批准的计划组织实施。④定期向国家市场监督管理总局提出本专业国家计量技术法规制定、修订进展情况、实施情况和计量基准、标准现状的报告，提出奖励项目建议。⑤受国家市场监督管理总局委托，技术委员会参与国际法制计量组织（OIML）有关国际建议的制定工作，参加国际学术交流活动和各项计量基准、标准量值的国际比对等有关工作等。

（四）部门或行业计量测试技术机构

国务院和省、市、自治区各行业主管部门根据本部门的特殊需要，可以建立本部门或本行业的计量测试技术机构，负责本部门或本行业使用的计量标准并组织其量值传递。其各项最高计量标准须向有关人民政府计量部门申请考核取得合格证后方能批准使用。其中，有些计量测试技术机构也可由政府计量行政部门授权，向外进行量值传递和对强制检定计量器具执行强制检定，以满足社会计量监督管理的需要。但根据《计量法》规定，这些被授权进行计量检定和测试工作的计量技术机构，必须接受授权单位即政府计量部门的监督。

三、计量中介服务体系

随着社会主义市场经济的逐步建立和发展，各类中介服务组织也逐步建立和发展了起来，这些市场中介服务组织是市场经济运行中以公平、公开、公正为准则，为参与市场活动的供需双方提供服务的机构。

这些中介服务机构除了提供服务之外，还有沟通供需双方关系，监督供需双方各自行

现代计量技术与计量管理

为以及为其提供公证等作用。因此，有助于加快生产要素的流通速度，减少流通环节，降低交易，是市场经济体制中必不可少的机构。

一般来说，市场中介服务机构是指会计师、审计师和律师事务所、公证和仲裁机构，信息咨询机构，资产和资信评估机构，证券、期货交易机构，行业协会、商会等。

目前，我国计量中介服务机构是指从事社会计量公正检测，咨询、仲裁服务的机构，如社会公正计量行（站）、计量协会、计量认证与实验室认可咨询中心、计量技术开发公司等及其他从事计量中介工作活动的组织。它们已初步构成了一个计量中介服务体系。现简要地介绍其中一些主要的计量中介服务机构。

（一）社会公正计量行（站）

随着社会主义市场经济体制的逐步建立和完善，企业、事业单位，社会团体，个人对商贸领域中的计量问题提出了计量公正、准确、便利的客观需求。

为了向贸易双方提供公平、准确的计量数据，也为了向社会各界提供公用的计量设备和计量测试服务，规范市场交易行为，保护交易各方的合法权益，广东、黑龙江等各省先后成立社会称重公正计量站，尔后，又先后建立了眼镜屈光度检测公正计量站、黄金饰品称重公正计量站、蒸汽流量公正计量站，以后还要成立容量、商品房面积测量等重要商品量的社会公正计量站，形成一个规范化的公正计量检测网络。

20 世纪 90 年代中期，国务院计量行政部门为了加强和规范对社会公正计量行（站）的监督管理，确保其提供计量数据的准确可靠，发布了《社会公正计量行（站监督管理办法》，该《办法》明确说明"社会公正计量行（站）是指经省级人民政府计量行政部门考核批准，在流通领域为社会提供计量公正数据的中介服务机构"。

1. 社会公正计量行（站）的建立条件

建立社会公正计量行（站）必须具备下列两个条件：①具有法人资格，并是独立于交易双方的第三方。②具有提供计量公正服务的能力，并取得省级计量行政部门的计量认证合格证书。具体地说，要求社会公正计量行（站）做到：计量检测设备及配套设施满足计量检测的要求，并可溯源到社会公用计量标准；工作环境适应计量检测的要求；计量检测人员经考核合格；具有保证计量检测工作质量的质量体系。

2. 社会公正计量行（站）的义务

社会公正计量行（站）应履行下列 3 项义务：①认真遵守有关社会公正计量方面的法律、法规、规章和规范性文件，并接受计量行政部门的监督；②正确维护、保养与按时检定计量检测设备，保证它们在使用期内准确、可靠；③妥善保管计量检测数据原始记录等计量技术资料，并对其出具的计量数据承担法律和经济责任。

这样，社会公正计量行（站）为社会提供的计量数据可作为贸易结算或贸易纠纷仲裁的公正数据。如上海公正燃气计量站，是一个具有独立法人资格的计量中介机构，设有 5 个分站。该站坚持按规范办事，用数据说话，尽职、尽心、尽力地为燃气供需双方提供计量中介服务,取得了良好的社会效益和经济效益。

(二)中国计量协会及其地方、行业计量(计控)分会

为了促进计量工作的科学管理,加快计量技术开发,推动计量中介服务,由计量管理部门、计量技术机构,企事业计量单位,计量器具产品生产、经营、修理与技术服务部门及广大计量工作者自愿联合组成的中国计量协会,经民政部批准,于 20 世纪 90 年代初期正式成立。

其主要任务为:宣传贯彻国家计量法律法规、方针政策、宣传计量工作在经济建设、科技进步和社会发展中的地位和作用,提高全社会的计量意识;围绕计量工作,组织调研、理论研讨和经验交流活动,为政府计量管理部门提供决策参考,承担国家市场监督管理总局委托的任务;对计量器具生产企业进行指导和服务,促进计量器具产品提高质量、创建名牌;开展计量业务培训,普及计量知识,提高计量管理人员和计量技术人员的业务水平;加强计量宣传工作,推广先进经验,编辑出版有关计量工作的书刊和资料;开展与国外计量组织的交流与合作;维护会员的合法权益。

中国计量协会下设冶金、化工、机械、纺织 4 个分会,水表、加油设备、能源计控、机动车计量检测技术、电能表、燃气表、热能表 7 个工作委员会。

中国计量协会还承担全国法制计量管理计量技术委员会秘书处工作,其工作职责为:①向国家市场监督管理总局提出综合性、通用性的国家计量技术规范及特殊领域(如机动车计量检测领域)的国家计量技术规范的制定、修订的规划和年度计划的建议;②组织相关国家计量技术规范的制定、修订和宣贯工作;③根据归口的专业领域内计量基、标准量值传递和溯源的需要,向国家市场监督管理总局提出本专业领域内国家计量比对年度比对计划,并组织实施;④参与国际法制计量组织(OIML)有关国际建议的制定工作,参加国际学术交流活动等有关工作;跟踪研究国际建议、国际标准、国家标准等相关国际、国内技术文件,保持国家计量技术规范与上述文件的协调衔接;⑤参与计量方针、政策的调研及咨询工作;⑥解释本专业领域内国家计量技术规范条文和国家计量比对结果;组织对本专业领域国家计量技术规范进行复审并提出继续有效、修订或者废止的建议。

行业计量(管理)协会是在国务院有关行政部门组织起来的以本行业企、事业单位计量机构和个人自愿参加的行业性协会,在政府与企事业之间起纽带作用。其主要任务是:①接受委托起草行业计量管理规范、办法等;②开展计量管理和技术的经验交流活动;③根据企业需要,开展计量咨询服务和培训教育等活动;④出版、发行计量刊物,加强计量信息交流等。

目前,化工、冶金等部门都已成立行业计量管理协会。冶金计量协会下设计量管理、技术咨询和教育培训等专业委员会,并编辑发行《冶金计量与自动化信息刊物》;化工计量管理协会,下设组织、技术、教育咨询等委员会,并编辑、发行《化工计量信息报》。它们都为行业性计量学术活动做了大量的工作,也收到了较大的效益。

地方计量分会是在地方计量行政部门支持下,由本地区各企事业单位计量机构和计

量人员自愿参加的民间团体。其主要工作是：①开展计量技术与管理方面的经验交流活动；②根据需要，组织计量协作和计量技术咨询、攻关活动；③开展计量业务培训等活动。

（三）计量书刊、规程的出版、发行机构

计量书刊、规程的出版、发行机构是我国重要的计量服务机构。目前主要有：

1. 中国质检出版社

原中国计量出版社成立于 20 世纪 70 年代末期，主要出版国家计量检定规程、国家计量技术规范、计量测试技术、计量应用技术、技术监督与管理等方面的图书和大中专教材，以及相关的科技图书和音像制品。

为了便于各地读者和企事业单位就近购买计量图书和检定规程，中国计量出版社发行部除了在北京设立计量书店、售书门市部外，还在各地计量部门设立了 50 多个发行网点（发行站）。

2.《中国计量》杂志及各地各行业的计量技术与管理杂志

《中国计量》创刊于 20 世纪 90 年代中期，是一份政策性、管理性、技术性和信息性的计量综合月刊，它以宣传《计量法》为基本宗旨，立足国内、面向基层、联系国际，宣传报道我国计量技术与管理方面的新动向、新技术、新经验和新成果，同时介绍国际上先进的计量管理新方法、新成就，从而沟通国际与国内、中央和地方、政府与企业、企业与市场、市场与消费者的联系，起到计量中介服务的作用。

此外，中国计量测试学会及各行业与地方计量部门、学会也办有各类计量类杂志（其中，个别杂志已停刊），如《计量技术》《国外计量》《计量测试技术文摘》《计量学报》《工业计量》《航空测试技术》《测控技术》《上海计量测试》等，它们也为计量中介服务做了大量工作。

此外，中国计量测试学会及各地计量测试学会、拥有计量相关专业的大中专院校、培训中心、情报信息机构与科研和仪表类专业机构等也是我国计量中介服务体系的重要组成部分。随着我国经济体制改革的深入发展，社会主义市场经济体制的建立和完善，计量中介服务体系也必将更加完善和规范。

四、计量学术

我国计量学术与教育体系主要是由中国计量测试学会和各地计量测试学会，中国计量大学及各高等院校的相关专业院系等所组成。

（一）宗旨和任务

中国计量测试学会是中国科协所属的全国性学会之一；是计量技术和计量管理工作者按专业组织起来的群众性学术团体；是计量行政部门在计量管理上的助手，也是计量

管理部门与管理对象联系的桥梁。

中国计量测试学会章程规定其宗旨是：遵守宪法、法律法规和国家政策，遵守社会道德风尚；以马列主义、科学发展观为指导、习近平新时代中国特色社会主义思想作为行动指南，这是新时期党的指导思想，团结和动员计量测试领域广大科技工作者，科学把握社会发展趋势，以推动经济社会持续稳步发展为重任，坚持"科学、创新、发展"的原则，推动科技强国、创新驱动、可持续发展战略。鼓励科学技术创新，激励科技人才辈出，促进计量测试科技进步和科技人才建设；加强科学技术普及、国内外学术研讨与交流，增强计量测试社会影响力和国际影响力；反映科技工作者的意愿，维护科技工作者的合法权益，为推动科技进步、支撑经济发展、保障国防建设以及促进人类文明发展、实现中华民族伟大复兴做出积极贡献。

中国计量测试学会的主要任务是：①开展国内外学术交流活动。参加国际测量技术联合会每年组织的总理事会会议和学术交流活动，每年组织参加"中日韩计量学术研讨会"，及其他国际计量领域的学术交流研讨会。组织参加海峡两岸定期学术交流活动，与台湾计量工程学会共同编辑"海峡两岸计量名词术语"的工作。组织国内计量领域重点学术课题的交流与研讨。②受国家市场监督管理总局的委托，设立了"国家计量技术法规审查部"，负责全国计量规程、规范的审查工作。③受国家市场监督管理总局的委托，设立"全国标准物质管理委员会办公室"，负责全国标准物质定级和许可证的申请、复查、评审及考核工作。④受国家市场监督管理总局和国家人社部的委托，管理"质量技术监督行业职业技能鉴定工作"，在全国开展多行业的人才培训、考证工作。⑤受国家市场监督管理总局和国家人社部委托，开展"全国注册计量师的教材、考试大纲及命题的编写，组织考试、判卷等工作"。⑥经国家市场监督管理总局、国家认监委批准组建的"中启计量体系认证中心"是学会的下属单位，开展测量管理体系认证工作。⑦编辑出版《计量学报》学术期刊。《计量学报》是学会正式出版发行的学术性期刊（双月刊）。⑧依据《国务院社团管理条例》和国家民政部《社团登记规定》等要求，根据国际测量技术联合会宪章规定和对成员国组织的要求，举办相应的学术交流和计量日知识讲座等活动。⑨参与国家市场监督管理总局和中国科协组织的各项活动。

（二）组织机构

各专业委员（分）会根据工作需要并经理事会批准可设立若干个技术委员会协助专业委员会开展活动。我国各省（市、自治区）及大多数市都成立了计量学（协）会，这些地方计量学（协）会，是我国计量学术系统的重要组成部分，也是各级计量行政部门在计量管理上的有力助手。此外，中国计量测试学会还设有《中国计量在线》《中国计量》《中国流量》3个网站。国家计量技术法规审查部、技术监督行业职业资格鉴定指导中心、全国标准物质管理委员会等实体机构。

第三节　计量管理体制

一、计量法规体系构成

法规体系,是由母法及从属于母法的若干子法所构成的有机联系的整体。按照审批的权限、程序和法律效力的不同,计量法规体系可分为三个层次:第一层次是法律;第二层次是行政法规;第三层次是规章。此外,按照立法的规定,省、自治区、直辖市及较大城市也可制定地方性计量法规和规章。

(一) 计量法律

《计量法》作为国家管理计量工作的基本法,是实施计量监督管理的最高准则。制定和实施《计量法》,是国家完善计量法制、加强计量管理的需要,是我国计量工作纳入法制化管理轨道的标志。《计量法》的基本内容:计量立法宗旨、调整范围、计量单位制、计量基准器具、计量标准器具和计量检定、计量器具管理、计量监督、计量机构、计量人员、计量授权、计量认证、计量纠纷处理和计量法律责任等。

(二) 计量规章

国务院计量行政部门发布的有关计量规章主要包括:《中华人民共和国计量法条文解释》《中华人民共和国强制检定的工作计量器具明细目录》《中华人民共和国依法管理的计量器具目录(型式批准部分)》《计量基准管理办法》《计量标准考核办法》《标准物质管理办法》《法定计量检定机构监督管理办法》《计量器具新产品管理办法》《中华人民共和国进口计量器具监督管理办法实施细则》《计量检定人员管理办法》《计量检定印、证管理办法》《计量违法行为处罚细则》《仲裁检定和计量调解办法》《零售商品称重计量监督管理办法》《定量包装商品,计量监督管理办法》《商品量计量违法行为处罚规定》《计量授权管理办法》《计量监督员管理办法》《专业计量站管理办法》《社会公正计量行(站)监督管理办法》《制造、修理计量器许可监督管理办法》等。

此外,一些省、自治区、直辖市人大和政府,以及较大城市人大也根据需要制定了一批地方性的计量法规和规章。如上海、重庆、辽宁、内蒙古等二十个省、区、市都相继颁布《计量监督管理条例》;贵州、浙江颁布了《商贸计量监督管理办法》等规章。

在我国的计量法律、计量行政法规和计量规章中,对我国计量监督管理体制、法定计量检定机构、计量基准和标准、计量检定、计量器具产品、商品量的计量监督和检验、产品质量检验机构的计量认证等计量工作的法制管理要求,以及计量法律责任都做出了明确的规定。

二、计量法及其实施细则

(一) 计量立法的宗旨

计量是经济建设、科技进步和社会发展中的一项重要的技术基础。经济越发展，越需要计量工作；科技越进步，越需要准确的计量；社会越发展，越需要在全国范围实现计量单位制的统一和量值的准确可靠，因而越需要加强计量法制监督。所以，计量立法的宗旨，首先要加强计量监督管理，健全国家计量法制。而加强计量监督管理的核心内容是要解决国家计量单位制的统一和全国量值的准确可靠的问题，也就是要解决可能影响经济建设、科技进步和社会发展、造成损害国家和人民利益的计量问题，这是计量立法的基本点。由于计量单位制的统一和量值的准确可靠是保证经济建设、科技进步和社会发展能够正常进行的必要条件，《计量法》中的各项规定都是紧紧围绕着这一基本点进行的。世界各国也都把统一计量单位、保障本国量值准确可靠作为政权建设和发展经济的重要措施。

但加强计量监督管理，保障计量单位制的统一和量值的准确可靠，还不是计量立法的最终目的，计量立法的最终目的是为了促进国民经济和科学技术的发展，为社会主义现代化建设提供计量保证；为保护广大消费者免受不准确或不诚实测量所造成的危害；为保护人民群众的健康和生命、财产的安全，保护国家的权益不受侵犯。

加强计量监督管理，保障国家计量单位制的统一和量值的准确可靠，有利于生产、贸易和科学技术的发展，适应社会主义现代化建设的需要，维护国家、人民的利益。

计量立法使我国计量工作纳入了法制管理的轨道。计量专业技术人员从事计量检定及其他计量专业技术工作有了明确的行为准则。计量检定人员既要通过计量检定来确保计量单位的统一和量值的准确可靠，更要通过计量检定来履行服务经济建设、促进科技发展、维护国家和人民利益的根本职责。无论是计量检定规程的制订和实施，还是计量器具新产品的型式评价、计量器具产品的质量监督等工作，都应按计量监督管理的要求，从有利于经济发展、有利于科技进步、有利于保护国家和人民的利益的高度出发，来正确地处理工作中所发生的各种问题，认真做好为经济服务、为企业服务、为消费者服务的各项工作。

(二)《计量法》调整的范围

任何一部法律法规，都有其调整范围。计量法适用的地域和调整对象，即在中华人民共和国境内，所有公民、法人和其他组织，凡是使用计量单位，建立计量基准、计量标准，进行计量检定，制造、修理、销售、使用计量器具和进口计量器具，开展计量认证，实施仲裁检定和调解计量纠纷，进行计量监督管理方面所发生的各种法律关系，均为《计量法》适用的范围，都必须按照《计量法》的规定加以调整，不允许随意变更，各行其是。

根据我国的实际情况，《计量法》侧重调整的是国家计量单位制的统一和量值的准确可靠，以及影响社会经济秩序，危害国家和人民利益的计量问题，不是计量工作中所有的问题都要立法。也就是说,主要限定在对社会可能产生影响的范围内。如教学示范中使用的计量器具或家庭自用的部分计量器具,量值准确与否对社会经济活动没有太大的影响,就不必立法调整。如果不适当地将调整范围规定得过宽,一是没有必要,二是难以实施,反而失去了法律的严肃性。

(三)《计量法实施细则》

根据《计量法》,授权国务院计量行政部门拟定,主要对《计量法》中有关计量基准器具和计量标准器具、计量检定、计量器具的制造和修理、计量器具的销售和使用、计量监督、产品质量检验机构的计量认证,计量调解和仲裁检定、费用及法律责任等进行了细化,保证《计量法》的有效实施。

三、计量技术法规

(一)计量技术法规的范围

1. 计量技术法规综述

计量技术法规包括国家计量检定系统表、计量检定规程和计量技术规范。它们是正确进行量值传递、量值溯源,确保计量基准、计量标准所测出的量值准确可靠,以及实施计量法制管理的重要手段和条件。

国家计量检定系统表是国家对量值传递的程序做出规定的法定性技术文件。计量检定必须按照国家计量检定系统表进行。国家计量检定系统表由国务院计量行政部门制定。这就确立了检定系统表的法律地位。

国家计量检定系统表采用框图结合文字的形式,规定了国家计量基准的主要计量特性、从计量基准通过计量标准向工作计量器具进行量值传递的程序和方法、计量标准复现和保存量值的不确定度以及工作计量器具的最大允许误差等。制定国家计量检定系统表的目的在于把实际用于测量工作的计量器具的量值和国家计量基准所复现的单位量值联系起来,以保证工作计量器具应具备的准确度和溯源性。它所提供途径应是科学、合理、经济的。

计量检定规程是为评定计量器具特性,规定检定项目、检定条件、检定方法、检定结果的处理、检定周期乃至型式评价、使用中检验的要求,作为确定计量器具合格与否的法定性技术文件。计量检定必须执行计量检定规程。国家计量检定规程由国务院计量行政部门制定。没有国家计量检定规程的,由国务院有关主管部门和省、自治区、直辖市人民政府计量行政部门分别制定部门计量检定规程和地方计量检定规程,并向国务院计量行政部门备案。这就确立了计量检定规程的法律地位。

计量技术规范是指国家计量检定系统表、计量检定规程所不能包含的,计量工作中具有综合性、基础性并涉及计量管理的技术文件和用于计量校准的技术规范。它虽不属于强制执行法定性技术文件,但为科学计量发展、计量技术管理,实现溯源性等方面提供了统一的指导性规范和方法,也是计量技术法规体系的组成部分。

2. 计量技术法规的发展

《计量法》的颁布和实施,大大促进了国家计量技术法规的制、修订工作,尤其是国务院发布《中华人民共和国强制检定的工作计量器具目录》,针对这计量器具迫切需要有相应的国家计量检定规程,才能对其进行定点定期的强制检定,现已制定出近千个国家计量检定规程,基本满足了执法的需要。

随着我国加入国际法制计量组织(OIML),以及经济体制改革的深化,特别是我国加入世界贸易组织(WTO),为消除技术性贸易壁垒(TBT),国家计量技术法规从管理到内容都有了很大的变化。在管理体制上,国家计量技术法规的起草工作从原来的归口单位管理转为技术委员会管理,从内容上要求积极采用 OIML 发布的国际建议、国际文件以及有关国际组织发布的国际标准,从编写结构上要求尽可能包含相关的内容。国家计量检定规程内容不仅包括原来的单一检定和周期检定的要求,还可包括计量器具控制的型式评价以及使用中的检验,并明确首次检定和后续检定的内容,周期检定则是按一定的时间间隔和规定的程序所进行的一种后续检定。此外,国家计量检定规程用于强制检定的计量器具是国际趋势,因此在允许的范围内,现在有些计量检定规程已由计量校准规范来代替,因而在计量技术规范中增加了很多计量校准规范。

(二) 计量技术法规的分类

1. 计量检定规程

计量检定规程分为三类:国家计量检定规程、部门计量检定规程和地方计量检定规程。

国家计量检定规程由国务院计量行政部门组织制定。专业分类一般为:长度、力学、声学、热学、电磁、无线电、时间频率、电离辐射、化学、光学、气象等。

国务院有关部门根据《中华人民共和国依法管理的计量器具目录》和《中华人民共和国强制检定的工作计量器具目录》,对尚没有国家计量检定规程的计量器具,可以制定适用于本部门的部门计量检定规程。部门计量检定规程向国家质检总局备案后方可生效。在相关的国家计量检定规程颁布实施后,部门计量检定规程即行废止。

省级质量技术监督部门根据《中华人民共和国依法管理的计量器具目录》和《中华人民共和国强制检定的工作计量器具目录》,对尚没有国家计量检定规程的计量器具,可以制定适应于本地区的地方计量检定规程。地方计量检定规程向国家质检总局备案后方可生效。在相应的国家计量检定规程实施后,地方计量检定规程即行废止。

2. 计量检定系统表

计量检定系统表只有国家计量检定系统表一种。它由国务院计量行政部门组织制定、修订,由建立计量基准的单位负责起草。一项国家计量基准基本上对应一个计量检定系统表。它反映了我国科学计量和法制计量的水平。

3. 计量技术规范

计量技术规范由国务院计量行政部门组织制定。包括：通用计量技术规范，含通用计量名词术语以及各计量专业的名词术语、国家计量检定规程和国家计量检定系统表及国家校准规范的编写规则、计量保证方案、测量不确定度评定与表示、计量检测体系确认、测量仪器特性评定、测量仪器比对等；专用计量技术规范，含各专业的计量校准规范、某些特定计量特性的测量方法、测量装置试验方法等。

第九章　计量的监督管理

第一节　计量器具的监督管理

计量器具产品是一种特殊的工业产品。它的质量好坏直接关系到工农业生产经营的正常进行；关系到科学技术和国防现代化的实现。因此，必须严格保证计量器具产品质量合格。本章就计量器具新产品的研制、型式评价和型式批准，OIML证书，计量器具产品生产中的质量监督及进口计量器具监督管理做简要的介绍。

《计量法》规定，应当对制造、修理的计量器具的质量进行监督检查。近年来重点安排了电能表，水表、煤气表，出租车计价器、电子计价秤、税控加油机等六种重点管理计量器具和眼镜计量仪器等的国家监督抽查。连续几年的监督检查表明，产品抽样合格率有了不同程度的提高。

此外，省级质量技术监督局每年也对电能表、水表、出租车计价器等计量器具产品质量组织开展地方监督抽查。

一、现代计量工作概述

随着我国经济社会的发展和技术水平的逐渐提高，现代产品计量检验的内容和方法都在不断增加，在目前的计量工作之中，主要的检验内容可以分为如下几个部分：计量单位、计量器具、量值传递、检验物理常量、检验不确定度以及数据处理方法。其中，在检验之中使用的计量器具主要包括实现计量单位的读取的复现的计量基准器具，便于进行量值的读取和测定。在计量工作的进行过程之中，对计量工作的准确性造成影响的因素主要包括计量器具的准确性、计量样品的选取合理性以及检测数据的处理情况，在这些影响因素之中，对检测结果影响最大也最直接的就是计量器具的准确性，计量器具在质量检测过程之中起到的作用是延伸和加强人类感官的作用，是认识和检验产品的使用质量的重要工具。

现代计量技术与计量管理

二、计量器具质量检验的重要性

在检验之中，计量器具的检定和质量检验是保证计量器具实验信息正确程度的必要方法。通常，在现代的产品质量检验过程之中，对计量检定仪器的检验要依照实验规范为依据进行。首先，要确定实验计量仪器的外观和性能等是否符合实验的要求。在一般的计量工作之中，计量规程的内容主要是对计量器具功能的概述、器具计量工作的性能要求、使用技术和熟练读要求、适合使用的鉴定条件、项目和实验方法，针对计量器具的鉴定特性来看，实验规范主要是针对不同的产品检测方法来给出器具的性能特性。对于在正规的生产厂家进行生产和检验的计量器具而言，按照规程进行的计量准确性检验的不合格率始终保持在一定的范围内，这也是计量仪器的生产质量合格的标志之一。计量器具作为在产品的质量检测过程之中作用较为特殊的用具，其既是产品又是检验过程之中的工具，在实际检验中既需要检验其质量的准确度等级，又需要根据其检测误差和实际质量来检验生产产品的质量，判断其是否符合市场使用和销售的要求，因此，计量仪器的生产质量对于样品检验过程的影响较大。要判断计量仪器的质量是否符合生产的要求，就要对计量器具进行按照规程的逐一检验，以便于判断检测仪器的质量。对于计量仪器之中的机械类产品，在检验之中对其外观、耐用性和耐运输性等性能都有实验上的数据要求。对于实验之中抽取的计量仪器的样本，假如在质量检验之中符合实验规程之中的标准，才可以定义其质量合格，可以用于产品的质量鉴定而不影响结果的精确度。合理且严格进行计量产品的质量检测才能较好的降低产品抽样质量检测的风险。在实验之中为了减少误差，实验检验中要多使用物理化学方法来对产品的质量进行检测，因此，要保证仪器和仪表的质量，避免实验之中出现错误。对于不同的产品样本，在实验之中要根据不同的性质来选择不同的实验方法。为了保证实验仪器的使用准确性，实验工作人员应该定期使用标准样本进行实验，对仪器的读取和测量等因素进行矫正。比如，在质量分析之中常使用的一种仪器是自动测硫仪，这种仪器的主要用途是用于测量产品之中的全硫含量，在实验之前，实验人员要注意将仪表的读书归零，以保证实验之中读数的准确。仪器设备的校验对于实验数据的准确性有着较大的影响，实验人员在实际检测过程之中要多加注意。企业在竞争中为了追求利润的最大化，势必采取各种手段降低成本，降低成本符合建设节约型社会的要求，降低成本也有其规律和方法可循，但若以偷工减料的方式进行必定造成产品质量下降。通常产品质量检验分为三类：生产检验（即出厂检验）、验收检验（即买方检验）、监督检验（即第三方检验）。在我国三种产品质量检验都是维护国家和人民利益，促进和提高产品质量的重要手段，他们各司其职，互为补充，缺一不可。生产检验是保证产品质量的基础环节，是企业保证不合格的原料不投产，不合格的工序不流入下道工序，不合格的产品不出厂的重要措施；验收检验是生产检验的补充。可以弥补生产检验的不足，及时发现产品质量问题，反映用户或市场的需求，为生产企业开发新产品，改进设计老产品提供质量信息；监督检验比其他检验更具有权威性，在法律上具有更强的仲裁性。对生产企业的产品质量进行检验，实际上是对生产检验工作质量的检查，起着督促企业提高保证产品质量责任感的作用，对买卖双方的质量争议进行仲裁检验，实际上是对生产检验和验收检验的监督。通过监督检验可以发现质量问题，了解质量动态，进而加强对生产领域或流通领域（商品）质量问题的监督，在更大范围内保护国家权益和消费者的利益，同时也起到促进企业端正经营思想，不断提高产品质量和努力改进售后服务工作，自觉地执行质量法规的作用。计量体系作为国家基础设施重要组成部分，既是科学技术和经济发展的支撑条件之一，又是工业竞争的重要组成部分。随着经济及技术发展的需要，目前煤气表、水表、加油机、电能表、压力表等计量器具的产品质量检验由法定计量检定机构完成，利用量值传递设备上优势，避免了重复建设及资源浪费，意义深刻。

第二节　能源计量监督管理

　　能源是煤炭、原油、天然气、焦炭、煤气、热力、成品油、液化石油器、生物质能和其他直接或者加工，转换而取得有用能的各种资源。它是国民经济建设实现可持续发展、建设节约型和谐社会的重要物质基础，目前我国大量使用的能源还是常规能源，即煤炭、石油、天然气、水、电能等，由于常规能源的储量客观上有限，短期内不可再生，但能源消耗量却逐年增加，供需日益紧张，已成为世界上各国都要解决的重要问题之一。

　　加强能源管理，提高能源利用效率，是提高我国经济运行质量、改善环境和增强企业市场竞争力的重要措施。

　　能源是国民经济的基础，能源安全是关系我国经济社会可持续发展的重大战略问题。国家"能源开发与节约并重，把节约放在首位"的方针，明确提出了企业的节能减排工作不仅是自身控制成本、提高竞争力的需要，也是落实科学发展观，加快经济增长方式转变，建设资源节约型、环境友好型社会和实现可持续发展的具体要求。

一、能源计量数据管理的必要性

　　第一，能源计量是企业节能减排工作的基础。离开了能源计量，就不能用数据说话，拿不出节能管理措施、技术措施与节约的量化关系，节能减排工作就无从谈起，节能减排的目标也就难以实现。

　　第二，能源计量数据是计量数据的重要组成部分，也是企业对外进行能源结算，对内进行能源控制和成本考核的依据。它不仅关系到企业的利益，也关系到考核的公平性，影响到部门和员工对节能减排工作的积极性。

　　第三，能源计量工作存在一定的复杂性，影响能源计量数据准确的因素有很多。能源介质物理形态有固体、气体、液体、蒸汽、电，每一种还有各自的特殊性。比如，蒸汽计量中有压力、温度变化、输送距离长短、冬夏季节交替常用流量的变化等影响量；电能计量是能源计量中相对简单的计量方式,但也存在变压器和线路的损耗问题,"峰、谷、平"分时段计量问题。

所以,企业要获得准确的能源计量数据,就必须重视能源计量工作。与此同时,切实完善能源计量数据的管理,有针对性地实施科学、严谨、适用的能源计量数据管理,最大限度地消除各种因素的干扰和影响,是获得准确计量数据的关键。

二、能源计量数据管理的关键环节

(一)能源计量测量设备配齐、用好

按照用能单位、次级用能单位用能设备的配备率要求,选择符合技术规范的测量设备,安装在需要进行测量、满足测量条件的位置。大型企业能源品种比较多,能源计量测量设备往往比较复杂,因此保持长期稳定、准确是一项技术含量较高的计量技术工作。所以,不仅要制定严谨的管理、维护制度,还需要有相应技术水平的人员去执行制度。这也是得到合格计量数据的良好基础。

(二)能源计量数据的采集

对于影响结算、成本核算、绩效考核的能源计量数据,一般由相应技术水平的人员去采集,同时对测量设备进行巡检维护。有经验的人员会根据生产情况、测量设备的运行状态和历史数据,判断能源计量数据的准确性、可靠性。安装自动数据采集系统的单位,也要安排有经验的维护人员抽查数据的有效性。除了能源消耗量的数据采集,还要采集能源购入、库存、损耗、加工转换、质量化验等的原始数据。

(三)能源计量数据的汇总分析

采集到各个测量设备的能源计量数据后,需要按品种分类进行汇总。根据一级量、二级量、三级量的相互关系、生产情况、历史数据,分析有没有异常数据。

客观、合理地量化蒸汽的输送损失、电能的线损、变压器损耗等不可控因素,确保一、二级计量数据在允许误差范围内。

(四)进行有效监督

管理人员对能源计量数据的产生过程进行有效监督。

三、能源计量数据的统计应用

能源计量数据统计服务于两个层面:一是企业内部成本核算、能耗指标考核、决策依据,二是对外结算,并为政府部门提供企业用能情况报表。

（一）统计应用中应注意的问题

第一，能源计量数据只要在测量、采集、汇总环节把好关，及时、准确地报出汇总报表，再加上严谨的监督管理环节，及时发现问题，不断改进、完善过程控制，就会给能源统计工作创造良好的基础条件。统计工作需要的是对业务的熟悉和严谨、细致、负责的工作作风。

第二，企业内部一般比较关注总能耗、单位产品能耗、综合能耗、主要能源品种的单位产品消耗、能源各品种消耗量等指标。注意计量单位和量之间的对应转换关系。

第三，对外结算报表需要与供能单位结算报表周期对应一致，便于核对。

第四，企业应当健全能源消费统计分析制度，定期进行能耗统计分析，建立包括能源的购入、消费、库存、损耗、加工转换、质量化验等内容的能源计量原始记录。

（二）统计依据

向政府报送的能源统计报表应依据《中华人民共和国统计法》的要求，按照全国统一规定的统计范围、计算方法、统计口径和填报目录，根据国家统计局规定的能源统计报表制度的内容，认真组织实施，按时报送。统计范围主要为全部国有以及年产品销售收入500万元及以上的非国有工业企业。

第三节　商品量的计量监督

现代社会是商品社会。商品交换既是现代社会人类生活中不可缺少的生存条件，也是现代企业赖以生存与发展的物质基础。无论是工业企业还是商贸企业，其商品交换都离不开一个重要的参数——商品量。

按计量方式分类，商品量可以分为：以质量（重量）、长度、体积（容量）、面积、时间等计量的商品量。

按商品交换形式分类，商品量又可分为：现场称量、定量包装、分装、散装、随机包装等商品量。

如果有故意缺量的销售行为、计量器具配备不当产生缺量、粗放包装导致商品量误差过大、商用计量器具质量低劣造成计量失准等情况，就势必会严重侵犯消费者利益和企业经营核算不准，甚至导致企业，尤其是商贸企业亏损和破产，也干扰和破坏了社会主义市场经济的秩序。

因此，我国计量行政部门已先后发布了《零售商品称重计量监督管理办法》(2004)、《定量包装商品计量监督管理办法》2005)和《商品量计量违法行为处罚规定》(1999)，以维护社会主义市场经济秩序，规范主要商品量计量行为，保护广大消费者和企业的合法权益。广大企业，尤其是商贸企业也应把商品量的计量监督作为本企业计量管理的重要内容，认真做好。

现代计量技术与计量管理

一、零售商品称重计量监督

当今社会商品种类极其繁多，如按计量方式分类，那么以质量（重量）为结算单位的商品是主要的商品量。如工业企业的钢材、水泥、化肥，商贸企业的食品、蔬菜、水果、金银首饰等。据统计，在日用消费品中，约占 80% 的商品量都要用质量计量。为此，我国计量行政部门会同国内贸易部、工商行政部门布了《零售商品称重计量监督管理办法》（2004），该管理办法明确规定了各类食品、副食品及金银饰品的称重计量负偏差，是每个企业，尤其是有关商贸企业应严格遵守的。

（一）商品量核称方法

商品量可按下列 3 种方法核称。

1. 原计量器具核称法

直接核称商品，商品的核称重量值与结算（标称）重量值之差不应超过商品的负偏差，并且称重与核称重量值等量的最大允许误差优于或等于所经销商品的负偏差1/3的砝码，砝码示值与商品核称重量值之差不应超过商品的负偏差。

2. 高准确度称重计量器具核称法

用最大允许误差优于或等于所经销商品的负偏差 1/3 的计量器具直接核称商品，商品的实际重量值与结算（标称）重量值之差不应超过商品的负偏差。

3. 等准确度称重计量器具核称法

用一台最大允许误差优于或等于所经销商品的负偏差的计量器具直接核称商品，商品的核称重量值与结算（标称）重量之差不应超过商品的负偏差的 2 倍。

（二）零售商品称重计量的监督管理

零售商品的称重计量由技术监督和工商行政部门依法实行监督检查和管理。凡有下列情况之一的，县级以上地方技术监督或工商行政部门可依法给予行政处罚。

（1）零售商品经销者使用不合格的计量器具，其最大允许误差水平大于所销售商品的负偏差。

（2）零售商品经销者销售的商品，经核称超过规定的负偏差，给消费者造成损失。

二、定量包装商品的计量监督

（一）定量包装商品的计量要求

定量包装商品的允许短缺量以及法定计量单位按该商品的强制性国家标准、强制性行业标准规定执行。产品的强制性国家标准、行业标准中无计量偏差规定的，按零售商品的称重计量规定执行。

（二）定量包装商品的净含量标注要求

定量包装商品在其包装其显著位置必须正确、清晰地标注净含量即"定量包装商品中除去包装容器和其他包装材料和浸泡液后内装商品的量。"净含量由中文、数字和法定计量单位组成。以长度、面积、计数单位标注净含量的定量包装商品可免于标注"净含量" 3个中文字，只标注数字和法定计量单位。

生产、经销的定量包装商品必须保证其净含量的准确。

1. 定量包装商品的净含量标注方式

定量包装商品的净含量应当按以下方式标注：

（1）固体商品用质量 g（克）、kg（千克）。

（2）液体商品用体积 L（l）升、mL（ml）（毫升）或者质量 g（克）、kg（千克）。

（3）半流体商品用质量 g（克）、kg（千克）或者体积 L（l）（升）、mL（ml）（毫升）。

以体积标注的定量包装商品，应当为 20℃条件下的体积。

固液两相物质的商品，除采用质量 g（克）、kg（千克）标注净含量外，同时应当采用质量 g（克）、kg（千克）或者百分数标注固形物的含量。

商品用长度计量的，用 mm（毫米）、cm（厘米）、m（米）。

标注定量包装商品的净含量，应当使用具有明确数量含义的词或者符号。

2. 单件定量包装商品的净含量负偏差要求

单件定量包装商品的净含量与其标注的质量、体积之差不得超过规定的允许短缺量。

单件定量包装商品的净含量与其标注的长度、面积或计数之差不得超过规定的允许短缺量。

（三）定量包装商品生产企业计量保证能力的评价

为了保证定量包装商品，维护消费者和生产者利益，鼓励定量包装商品生产企业建立计量体系，根据《中华人民共和国计量法》《定量包装商品计量监督规定》，国家计量行政部门于 2000 年 4 月 6 日制定和发布了《定量包装商品生产企业计量保证能力评价规范》以下简称《规范》）。

申请计量保证能力评价的企业应提交《定量包装商品生产企业计量保证能力自我评价审查备案登记表》，同时应提交定量包装商品生产企业计量保证能力评价表、企业计量管理文件、企业计量器具配备情况表、企业强制检定计量器具登记表、企业生产定量包装商品的产品标准、企业生产的定量包装商品的包装标识及使用说明书。

受理申请的省级质量技术监督部门根据需要，对企业自我评价情况按照《规范》的要求组织实施核查。经核查符合《规范》要求的企业，由受理申请的省级质量技术监督部门予以备案并颁发全国统一的《定量包装商品生产企业计量保证能力证书》以下简称"证书"），允许在其生产的定量包装商品上使用全国统一的计量保证能力合格标志。

参考文献

[1] 马志荣, 王智深, 赵文峰. 燃气计量 [M]. 北京: 石油工业出版社, 2020.

[2] 彭黎迎. 温度计量 [M]. 北京: 中国标准出版社, 2020.

[3] 李慧云, 张谊. 建筑工程计量与计价 [M]. 成都: 西南交通大学出版社, 2020.

[4] 石焱, 王兆霞, 刘仁涛. 安装工程计量与计价 [M]. 北京: 化学工业出版社, 2020.

[5] 李杰. 建筑工程计量与计价 [M]. 北京: 高等教育出版社, 2020.

[6] 张成思. 金融计量学 [M]. 北京: 中国人民大学出版社, 2020.

[7] 张键, 荀建锋. 建筑工程计量与计价 [M]. 北京: 北京理工大学出版社, 2020.

[8] 陶长琪. 计量经济学 [M]. 南京: 南京大学出版社, 2020.

[9] 李旻, 刘帅, 周密. 计量经济学 [M]. 北京: 中国农业大学出版社, 2020.

[10] 温艳芳, 罗丽坤. 建筑工程计量计价 [M]. 北京: 高等教育出版社, 2020.

[11] 沈鑫, 周年荣, 曹敏. 电能计量基础及检测技术 [M]. 北京: 中国电力出版社, 2018.

[12] 曹玉芬. 水运工程检测设备标准化与计量 [M]. 北京: 人民交通出版社, 2018.

[13] 胡照海. 零件几何量检测 [M]. 北京: 北京理工大学出版社, 2018.

[14] 周海. 医疗器械管理与计量检测 [M]. 西安: 陕西科学技术出版社, 2019.

[15] 赵太强, 张雷. 供热计量主体仪表之电磁式热量表概述 [M]. 长春: 吉林科学技术出版社, 2019.

[16] 卢尚文, 徐文庆, 熊建武. 模具零件的手工制作与检测 [M]. 北京: 北京理工大学出版社, 2019.

[17] 张也晗, 刘永猛, 刘品. 机械精度设计与检测基础 [M]. 哈尔滨: 哈尔滨工业大学出版社, 2019.

[18] 王志学. 油气计量技术与管理 [M]. 东营: 中国石油大学出版社, 2020.

[19] 吕明华, 张翼, 于建春. 计量经济学 [M]. 北京: 中国商业出版社, 2020.

[20] 祝丽思, 尹晓静. 市政工程计量与计价 [M]. 北京: 北京理工大学出版社, 2020.

[21] 曾澄波. 安装工程计量与计价 [M]. 北京: 清华大学出版社, 2020.

[22] 李子奈, 潘文卿. 计量经济学 [M]. 北京: 高等教育出版社, 2020.

[23] 温艳芳, 秦慧敏, 朱溢镕. 安装工程计量与计价实务 [M]. 北京: 化学工业出版社, 2020.

[24] 何嘉熙, 杨兰. 建筑设备安装计量与计价 [M]. 武汉: 中国地质大学出版社, 2020.

[25] 宋伟. 计量服务提升工作手册 [M]. 北京: 中国水利水电出版社, 2020.

[26] 霍海娥. 安装工程计量与计价实例教程 [M]. 北京: 科学出版社, 2020.

[27] 包玉树. 并网电厂电测计量与故障诊断 [M]. 北京: 中国电力出版社, 2020.

[28] 余霜. 计量经济学实验指导教程 [M]. 北京: 经济管理出版社, 2020.